U0325738

给绿中国书系

行动

中国环境记者调查报告

（2012年卷）

汪永晨 王爱军 主编

广东省出版集团
花城出版社
中国·广州

图书在版编目（ＣＩＰ）数据

行动：中国环境记者调查报告. 2012年卷 / 汪永晨，
王爱军主编. -- 广州：花城出版社，2014.6
（给绿中国书系）
ISBN 978-7-5360-7169-8

Ⅰ．①行… Ⅱ．①汪… ②王… Ⅲ．①环境保护—调
查报告—中国—2012 Ⅳ．①X-12

中国版本图书馆CIP数据核字(2014)第118101号

出　版　人：詹秀敏
责任编辑：林宋瑜　揭莉琳　余佳娜
技术编辑：凌春梅
装帧设计：林露茜

书　　名	行动：中国环境记者调查报告（2012年卷）	
	XINGDONG: ZHONGGUO HUANJING JIZHE DIAOCHA BAOGAO (2012 NIAN JUAN)	
出版发行	花城出版社	
	（广州市环市东路水荫路11号）	
经　　销	全国新华书店	
印　　刷	佛山市浩文彩色印刷有限公司	
	（广东省佛山市南海区狮山科技工业园A区）	
开　　本	787毫米×1092毫米　20开	
印　　张	15　1插页	
字　　数	252,000字	
版　　次	2014年6月第1版　2014年6月第1次印刷	
定　　价	36.00元	

如发现印装质量问题，请直接与印刷厂联系调换。
购书热线：020－37604658　37602954
花城出版社网站：http://www.fcph.com.cn

目录

序

2012，环保慢慢苏醒的一年

王爱军

回望2012年的中国环保，我想用"慢慢苏醒"这样的表述。

相对于长期的对环保"说而不做"的"沉睡期"、"装睡期"，2012年或许是一个转折。

最典型的是以降低PM2.5为主旨的对空气污染的觉醒和治理。中国过去一直以检测PM10为空气质量的标准。突然美国驻华使馆检测并公布了PM2.5的数值，在北京民间引起轩然大波。但PM2.5数据一直成为"敏感词"，美国使馆的检测一度被批驳为"别有用心"、"干涉内政"，环保部的检测数据也被作为"国家秘密"而雪藏。

所谓"你永远也无法叫醒装睡的人"。无论数据在不在，污浊的空气就在那里弥漫。2013年1月，北京的空气质量达标天数只有5天。从全国范围来看，灰霾的污染肆虐了1/4的国土面积，影响了6亿人。——谁能高枕无忧、安然入睡？

按照世界环保发展的"规律"，环保被重视和治理，大多是"逼"出来的。中国空气污染的治理，依然。

我们不妨看看近几十年来中国环保走过的路径。20多年前，先是毫无环保意识的乡镇企业，接着是高能耗、高排放企业，这些企业的发展首先污染的是乡镇农村，污染的是乡镇农村的水。农村的河流几乎没有干净的，而农村河流的污染直接影响到大江大河如淮河水质的恶化，河流两岸出现了不少的"癌症村"。

但是，这依然没有引起高度重视，因为乡镇在中国权力的版图上，势单力薄，无法带来实质性的改变，于是，地表水无法饮用，便打井，由浅井变为深井。任凭有志之士如何喊破喉咙，中国的环保一直在恹恹地睡着。

当然，中间有过几次"环保风暴"，好像给睡着的人击了几掌，但因为没有制度发挥力量，待到主持者"人去政息"，睡者翻翻身，又睡去了。

因为城市有先进的水处理系统，可以让水的问题"隐藏"起来。城市人似乎并没有像农村人那样听到污染的敲门声，直到污浊的空气"突然间"降临到了城市上空。

空气是最能体现"人人平等"的资源。无论是市井草根，还是达官贵人，你可以挖地5000尺打出天然水来建立独家管道通往你的厨房，但你不可以让上帝提供独家的清洁空气供你呼吸，哪怕你安装什么高级的净化器——空气总是要流通的。

当污染在乡镇农村被忽视的时候，污染这个幽灵一旦飘荡到城市，立即引起巨大波澜。城市是拥有权力的，拥有权力就意味着可以改变。于是，从2012年延宕至2013年，城市以空气治理为标志的反污染战争终于吹响了集结号。这个久睡的人终于懵懵然睁开了眼睛。

所以人们看到，中共十八大把"生态文明"纳入国家建设"五位一体"的总体布局，提出推进生态文明，建设美丽中国，实现了"执政理念的重大创新"。第七次全国环境保护大会召开，提出积极探索"在发展中保护、在保护中发展"的环境保护新路，全国有28个省（区、市）相继召开了环保工作会议，26个省（区、市）出台了进一步加强环境保护的文件。

以中国的体制，强大的动员势必会对环境保护带来新的机遇，多年的欠账也会慢慢进入"偿还模式"。但是，至少在目前，我们的乐观只能是谨慎的。几十年过分追求GDP的强大惯性，不可能一朝一夕就能够改变，况且，民众对环保的期待，早已不是当年那种"眼不见为净"的初级阶段。完成环保任务，任务重，道尚远。

环保部公布的《2012年环境状况公报》，依然用"形势严峻"来形容中国的环境。

——在198个城市4929个地下水监测点位中，较差—极差水质的监测点比例为57.3%；

——9个重要海湾中，胶州湾、辽东湾和闽江口水质差，渤海湾、长江口、杭州湾和珠江口水质极差；

——按2012年新《环境空气质量标准》，全国113个环境保护重点城市中，环境空气质量达标城市比例仅为23.9%；

这些问题几乎每年都出现在环境状况公报中，几乎每年都有"情况严峻"的结论。如果说经济发展之初是无暇顾及环境问题的话，现在，环境问题真的已经到了不得不改变的时候了。如果洁净的水和空气都成为奢侈品，还谈什么小康社会？

2012年，人们看到了环保改变的曙光。中国能否真的"向污染宣战"并赢得胜利？

问号依然存在。但慢慢苏醒，就比一直睡着强。醒来了，要么是起身努力做点什么；要么是转身继续睡；或者继续装睡。但愿，面对沸腾的民意，面对连自身都难以安然的情势，我们选择的是前者。

说说这本书。

这是一群富有忧国忧民情怀的媒体记者的呐喊。他们被称之为"环境记者"。其实这个称呼并不准确，中国好像还没有对记者进行这样的分类。他们的"名头"，只是因为他们关注身边的环境，用自己手中的笔，记录下环境的现状、那些破坏者、抗争者，记录下生活在这样环境中的人们的生活和命运，用正义和公心发出一声声振聋发聩的呐喊。

这本书记载了2012年发生的重大的环境事件。

2010年6月5日，世界环境日，自然之友、公众环境研究中心、达尔问自然求知社等34家环保组织共同发布《IT产业重金属污染报告》，向媒体揭示了苹果、IBM等多家全球著名品牌漠视IT产品供货链重金属污染问题、拒绝回应环保组织集体质疑的事实。这些供货链设计中国多家工厂。中国是世界上PCB（印刷电路板）产量最大的国家，2011年产值达235亿美元。两年后，这些世界电子巨头终于向中国的环保组织低头，并开始采取了一些减少污染的措施（详见章轲《"毒苹果"事件》）；

　　作为北京7·21特大暴雨的经历者和报道者，新京报记者卢美慧的《河道之殇：北京7·21特大暴雨反思》，完整记录了这场发生在北京、致79人遇难、190万人受灾、经济损失过百亿的特大灾害。这场灾害也给人们敲响了警钟——7·21特大暴雨之前，北京房山境内多条河道已经枯水多年，连年的干旱降低了人们的防备，拦坝蓄水、沿河盖楼、填河造田，以致在洪水发生后，无法发挥正常的泄洪功用，从而令洪水泛滥成灾；而在城区，多处水淹的地方泄洪准备不足，应急能力不强，加重了灾情。

　　有一种备受关注的动物——东方白鹳。尽管它是国家一级重点保护动物，但在天津北大港湿地自然保护区，迁徙中栖息于此的他们却遭遇投毒。志愿者们发现了几十具东方白鹳的尸体，这些可怜的动物，即将成为餐桌上的美味佳肴。而在保护区周边，投毒者、餐馆老板、食客、售卖农药的销售商，成为"害死东方白鹳等珍禽直接或间接的凶手"。

　　除了对动物的关注，"水"和"空气"去年似乎一下子站在了环保舞台的中心。

　　关于水的调查报告有《西南大旱启示录》、《北京的水》、《乌梁素海之殇与增长的极限》、《巧家爆炸案背后："水电跃进"对地方社会的冲击》，更有少不了的重头戏《江河十年行》。

　　从这些篇目中，大约能够看到2012年几件重大的"水事件"。而已经行走到第七年的《江河十年行》，让人们感到的依然是"一声叹息"。比如小南海，中国民间环保组织一直在为这个长江珍稀鱼类"生孩子"的江段不应该建水电站而大声呼吁，但是建坝的步子从来没有停下，在小南海电站"三通一平"开工典礼的前几天，当地不少村民竟然不知道那里要建设一个大电站。

小南海只是一个缩影。十年走下来，江河在变，中国可能找不出一条没有被改变的大江大河。而这些改变，真的值得吗？

人们没有认识到水的危机，是因为它好像离人们的生活有点距离。不像片刻也离不开的空气，或许如此，PM2.5才进入人们视野并引起决策者的重视，一场对空气污染的战役得以在全国上下展开。

《缉拿PM2.5》介绍了这样一场战役的来龙去脉。2011年秋天起，美国使馆和北京环保部门关于北京空气质量数据"打架"的辩论，不仅向民众普及了PM2.5的相关知识，也最终使官方对PM2.5的信息发布提速。而最严重时灰霾污染肆虐1/4的国土面积、影响了6亿人的情形，谁还能熟视无睹？

空气污染到现在，国家投入巨大力量开始治理，正走了那条"先污染后治理"的老路，而这条路，恰恰是很多年前就说过的"坚决不走"的路——我们仍然没能逃脱世界大多数国家曾经做过的噩梦。

可怕的是，如果我们开始驱赶空气的噩梦的话，水的噩梦、植被的噩梦、排放的噩梦……我们拥抱它们的双臂似乎还舍不得放开。

这不是危言耸听。看看《〈环保法〉修法之争》，或许会看明白几分。"（环保法）《草案》与现行《环保法》相比，并无大的根本性改变"，有专家甚至直言"我怀疑，《草案》不像是全国人大环资委起草的，倒像是那些环境污染企业和经济主管部门联合起草的"。的确，《环保法》修法之争的背后，浮现出中国环境法制体系的学理问题，而与之相比更为纠结、也更为难解的，则是关乎环境保护的诸多政府部门之间，长期而复杂的权力博弈。

"利益时代"，博弈是必须的，也不必大惊小怪。只是，博弈的主体不能仅仅是政府部门和相关企业，某种程度上，他们二者也有着利益关联；博弈如果没有民众的知情、表达、参与和监督，环保的"弱势"不可能改变。

客观而言，2012年，拜"环境更加严峻"所赐，环保开始了一个转折之年。执政党"生态文明"建设的高调提出，以及对生产方式转变的政绩要求，会对中国的环保产生积极的影响。对此，我们乐观视之。

但是，也要明白，大船掉头难，几十年的"GDP崇拜"的惯性，不可能三天两天就改变过来。对此，应有长期的准备。

也因此，环境记者的使命远远没有结束，环境调查报告的任务也远远没有加成。历史的大厦，就是这样一点点增砖添瓦建起来的。这是一份光荣的事业。

缉拿PM2.5

刘世昕

（刘世昕，中国青年报首席记者，经济部副主任。从事环境报道15年，曾获中华环境奖等奖项。）

摘　要：2012年全国"两会"召开之前，环保部正式发布了《环境空气质量指数（AQI）技术规定（试行）》，并且要求全国所有城市在2016年1月1日之前都要以新的空气质量标准进行监测和数据发布。

2012年年底，国务院批准了《重点区域大气污染防治"十二五"规划》。按照规划目标，到2015年，京津冀、长三角、珠三角等大气污染严重的地区，细颗粒物PM2.5年均浓度要比2010年下降6%。这样的目标究竟能否实现？通过哪些手段可以实现？即便PM2.5的浓度下降6%，又能否意味着空气质量的改善？

关键词：空气质量　标准　改善

缉拿PM2.5的战役或许该以2012年2月29日为起点。

那一天，也就是赶在当年的全国"两会"召开之前，环保部正式发布了《环境空气质量指数（AQI）技术规定（试行）》，并且要求全国所有城市在2016年1月1日之前都要以新的空气质量标准进行监测和数据发布，而京津冀、珠三角、长三角的时间表则是从2013年1月1日开始。

与过去的空气质量标准相比，新标准最大的变化是加入了对PM2.5和臭氧的监测。在当时一场关于空气质量新标准的新闻发布会上，环保部副部长吴晓青坦言，如果按新标准进行监测和评价，全国将有2/3的城市空气质量不达标。

空气质量新标准的发布被认为是一场民间环保的胜利。因为按照环保部门最初的设想，在此次空气质量标准的修订中，PM2.5的监测和信息发布远不够提上议事日程，但2011年秋天起，一场起因是美国使馆和北京环保部门关于北京空气质量数据"打架"的辩论，不仅向民众普及了PM2.5的相关知识，也最终使官方对PM2.5的信息发布提速。

甚至于在2012年，时任总理温家宝所做的《政府工作报告》中还专门提到，要着力解决老百姓最关键的PM2.5等空气质量问题。《政府工作报告》对民间关注的环境问题进行回应，这在过去是不多见的。

在专业人士那里，空气质量新标准的发布根本谈不上是胜利——现有能源结构很难调整、煤炭消费总量依然很高；汽柴油标准太低，机动车污染治理尚未出台有效政策；京津冀、长三角、珠三角产业结构调整困难重重；《大气污染防治法》缺乏刚性约束……诸多现实问题带来的是呛人的空气，缺失的蓝天。

2012年年底，国务院批准了《重点区域大气污染防治"十二五"规划》。按照规划目标，到2015年，京津冀、长三角、珠三角等大气污染严重的地区，PM2.5年均浓度要比2010年下降6%。

这样的目标究竟能否实现？通过哪些手段可以实现？即便PM2.5的浓度下降6%，又是否意味着空气质量的改善？

1/4的国土面积遭遇灰霾

就是有这样的巧合。当2013年1月1日起，京津冀、长三角和珠三角开始执行新的空气质量标准，那一个月，老天爷相当的"给力"，京津冀的蓝天数屈指可数，似乎就是要验证一下，这些地区空气中的PM2.5究竟有多高。

那一个月，整个华北地区就像被一个灰色的盖子所笼罩，呛人的空气无孔不入。按照新的空气质量标准，当空气质量指数（AQI）超过300时，就意味着空气严重污染，而那个时候，华北地区的保定、石家庄、北京等地，AQI经常超过300，最严重的时候，保定等地的AQI甚至逼近1000。

这一次，官方的空气质量数据与美国使馆的数据不再是天壤之别。其实，用不着比较数据，医院里呼吸科人满为患；机场、高速公路被迫关闭；来北京旅游的人，在天安门广场已经看不见悬挂在天安门城楼上的毛主席像……所以这些敲响了最后的警钟。

2013年1月，在北京，空气质量达标的天数只有5天。从全国范围来看，灰霾的污染肆虐了1/4的国土面积，影响了6亿人。

有数据表明，近年来，京津冀、长三角、珠三角等经济发达的地区，由于不合理的经济发展结构、机动车增速迅猛等原因，空气质量指标排名已经在全国垫底。这些地区污染排放高度集中，单位面积污染排放强度是全国平均水平的2.9—3.6倍。

与我国传统的煤烟型污染不同，近年来，京津冀、长三角、珠三角等地区的PM2.5污染问题日益突出。2010年，北京、广州等7个细颗粒物监测试点城市年均浓度超出国家二级标准14%—157%。2010年，京津冀、长三角、珠三角等区域，每年出现灰霾的天数在100天以上。

多年来，环保NGO"公众环境研究中心"主任马军和他的团队，一直致力于绘制"中国污染地图"，以便公众能更好地对身边的污染企业进行监督。而2013年1月，全国1/4的国土面积被灰霾笼罩的事实背后，他发现，卫星遥感数据勾画出的灰霾天范围与我国重化工产业的布局高度重合。

2013年1月，京津冀地区是灰霾污染的重灾区。一个不容忽视的背景是，这一地区每年的粗钢产量占全世界产量的1/5。支撑这个"骄人"数据的，还有大量的煤炭燃烧，大量污染的排放。

再看长三角地区，近年来的灰霾天也在不断增加，而在马军的中国污染地图上，过去10年间，这一地区的产业结构正由"轻"变"重"。

马军的这一发现在业界已是共识。2012年年底，国务院批准的《重点区域大气污染防治"十二五"规划》，旨在对京津冀、长三角、珠三角等空气污染较重的地区出重拳治理。

这些地区的经济总量、煤炭消费量分别占全国的71%、52%。相对应的是，占国土面积14%的这些地区，二氧化硫、氮氧化物排放量分别占全国的48%、51%。按照2011年新修订的环境空气质量评价标准，重点区域内82%的城市达不到国家空气质量二级标准。

美国自然资源保护委员会北京代表处的能源高级顾问杨富强给出了更详细的数据：北京煤炭的消费量达2000万吨，天津是7000万吨，而河北是3亿吨，山东是4亿吨……整个华北地区每年要烧掉10亿吨煤。

国土面积跟中国相当的美国，全国的煤炭消费量也只有11亿吨。我国有这样庞大的煤炭消费量，就不难解释，为什么灰霾天驱之不去。

呛人的空气能否倒逼经济转型

在国务院发展研究中心研究员周宏春看来，面对一个月只有5

天看得见蓝天的现实，我国经济发展方式的转型必须提速。

在马军看来，当务之急是，频频受灰霾天侵袭的这些地区，应该紧急核算出自己区域内的纳污容量，以此来评价未来还能不能再上重化工类的项目。比如，华北地区，煤炭消费量已经高达10亿吨，究竟还有没有环境容量再容纳新的钢铁、水泥项目？

再有，鉴于空气污染的区域特征，京津冀地区、长三角地区、珠三角地区，在审批新的重化工项目时，应该从整个区域的环境来考虑。

环保部污染防治司司长赵华林给出的答案是，2012年年底发布的《重点区域大气污染防治"十二五"规划》中，国家已经提出了煤炭消费总量控制的构想，有可能率先在京津冀、长三角、珠三角区域与山东城市群积极开展煤炭消费总量控制试点，通过控制煤炭消费总量倒逼地方政府积极发展清洁能源，调整产业结构。

中央政府相应的举措是，2013年1月30日召开的国务院常务会议提出，2015年要将我国的能源消费总量控制在40亿吨标准煤。有评论认为，这是国家给能源消费划出了消费红线，今后煤炭消费量的增长要被严格控制。再往下传导的效应是，高能耗的重化工产业也将遭遇能源瓶颈。

国家发改委能源所研究员姜克隽认为，煤炭消费的总量控制对改善灰霾天将起到非常重要的作用。以北京市为例，灰霾天气成因中，燃煤贡献占1/4，机动车占1/4，油烟不到1/4，有机物挥发物和扬尘等占了1/4。控制煤炭消费总量相当于对1/4的燃煤污染"开刀"。

如何实现能源消费总量的控制？国家发改委能源所副所长戴彦德给出的建议是，首先，中央要给出能源结构调整的时间表。尤其要明确，在能源结构中不能再"一煤独大"，要实现煤炭、油气、核能和清洁能源各占1/3，三分天下的比例。其次，要对现有产业进行节能改造，提高能效，减少排放。

在环保部门看来，《重点区域大气污染防治"十二五"规划》中，煤炭消费总量控制是一项较为强硬的措施。《规划》拟在京津冀、长三角、珠三角区域与山东城市群积极开展煤炭消费总量控制试点，努力降低区域内煤炭消费总量。

据介绍，为了不让规划提出的治理目标落空，环保部将会同国务院有关部门制定考核办法，保障规划目标到位。

该办法或将提出，国务院相关部门组成考核组，每年对重点区域大气污染防治规划实施情况进行评估考核；在规划期末，组织开展规划终期评估。规划年度考核与终期评估结果向国务院报告，作为地方各级人民政府领导班子和领导干部综合考核评价的重要依据，实行问责制，向社会公开。

此外，环保部还将对重点区域的城市进行达标管理，对不达标的城市，根据超标程度，提出分期分批限期达标要求。空气治理超标城市的政府，应当制定限期达标规划，采取更加严格的污染治理措施，按期实现达标。

事实上，在环保部内部还有更大胆的设想。2013年全国"两会"期间，环保部副部长吴晓青、副部长周建、原副部长张力军和污染总量控制司司长刘炳江联合住建部副部长齐骥、监察部副部长郝明金、最高人民检察院副检察长姜建初等3名委员，向大会提交了《关于空气污染严重地区实行煤炭消耗总量控制的提案》。

这份提案建议，从今年开始，在全国严格实施能源消耗总量增长速度控制，在空气污染严重的京津冀鲁、长三角和珠三角地区实施煤炭消耗总量零增长控制。

环保部的几位官员表示，针对京津冀鲁、长三角和珠三角地区愈演愈烈的灰霾天，国务院已经批复了《重点区域大气污染防治"十二五"规划》，要求到2015年，这些重污染地区的PM2.5年均浓度要下降6%。但有专家指出，按照规划，PM2.5浓度下降的这点空间，根本实现不了政府工作报告中承诺的环境质量改善的目标。

数据显示，2000年至2011年，京津冀鲁、长三角和珠三角地区的煤炭消耗量由5.05亿吨增加到14.4亿吨，增长了近200%。

　　"如此短时间内大幅度增加煤炭消耗量，仅对一两种大气污染物作为约束性指标进行控制，解决不了区域性灰霾污染问题。由于燃煤排放的二氧化硫、氮氧化物和烟尘是空气中PM2.5的主要来源。因此，实行煤炭消费量控制是关键。"刘炳江指出，只有实现煤炭消耗量的零增长，京津冀鲁地区空气严重污染的势头才有可能减弱。

　　煤炭消耗零增长如何实现，地方经济的发展是否会受到影响？刘炳江说，这就要求地方政府必须真正做到调整产业结构，淘汰落后产能，这样才能不影响经济增长。

空气治理不能沿用传统模式

　　如果一场缉拿PM2.5的战役必须在2015年让公众看到结果的话，除了调整经济结构，减少煤炭消费的大思路外，具体的战役该从哪里开始？

　　专家们大概找到了PM2.5的几个藏身之处：50%来自燃煤、机动车、扬尘等直接排放的一次细颗粒；50%是空气中二氧化氯、氮氧化物、挥发性有机物等气态污染物，经过复杂反应形成的二次细颗粒物。这项细颗粒物来源广泛，既有火电、钢铁、燃煤锅炉等工业源的排放，也有机动车、飞机、工程机械等移动源的排放，甚至餐饮油烟、装潢装修等也是"贡献"大户。

　　中国环境规划院副院长王金南说，他正在筹划一个研究项目，针对PM2.5的污染，北京是不是可以做到"零煤炭消费"、"零汽油消费"、"零裸露土地"、"零污染企业"。他说，大家都向往国外一些城市的蓝天白云，可那些空气质量较好的城市，绝对没有哪个像北京一样，要背着年煤炭消耗量1700万吨的重担。

理论上，短期内一个区域内PM2.5的排放量是相对稳定的。在气象条件较好的情况下，老百姓不易感知PM2.5带来的影响，但一旦气象条件不利于扩散，近地面空气相对湿度比较大，风力较小，PM2.5就容易形成灰霾天。

专家们的另一个发现是，随着城市规模的不断扩张，区域内城市连片发展，受大气环流及大气化学的双重作用，城市间大气污染相互影响明显，相邻城市间污染传输影响极为突出。

在京津冀、长三角、珠三角等区域，部分城市可吸入颗粒物受外来源的影响为16%—26%。区域内城市大气污染变化过程呈明显的同步性，重污染天气一般在一天内先后出现。

王金南说，从2013年1月华北地区的空气质量监测数据就可以看出，北京北部延庆等地的空气质量相对较好，越往南，污染越重，特别是到了河北保定，污染就更严重。这说明，空气污染的治理不能靠某一个城市单打独斗，更需要区域协调作战。

对2013年1月北京地区的空气质量污染，北京市环保局也曾有这样的解释：污染的首要原因是北京本地的污染物排放量较大。其次是，地区间污染物的相互影响、叠加。2013年1月，北京地区西南部、东南部，以及向南的周边地区污染水平明显高于北京城区，特别是附近地区大范围，大区域尺度内污染物的输送和北京本地排放污染物相叠加，使PM2.5污染物浓度水平进一步升高，加重了北京地区的污染。

区域协调的战略在北京奥运会、上海世博会、广州亚运会期间就已经运用。这三个城市举办大型活动的时候，周边的城市也都采取了大规模的治理措施，包括工厂限产、交通限行。

于PM2.5来源广和区域间相互影响大两个特性，环保部门给出的减排方案有两个方向，一个是治理必须广覆盖，涉及PM2.5躲藏的燃煤、机动车、火电等多个领域，另一个是必须以区域为单位联合作战。

如何实现区域联合作战，也是未来缉拿PM2.5过程中亟待破解的难题。各省区市之间有行政区划的边界，可是污染物是没有界限的。环保部新的治理思路是，空气污染治理不能再"铁路警察各管一段"，要建立区域大气污染联防联控机制。

在环保部看来，联防联控至少包括联合执法机制、重大项目环境影响评价会商机制、环境信息共享机制、大气污染预警应急机制。

如果这些新机制启动，将意味着传统的环境管理思路要进行重大调整。以重大项目环境影响评价会商机制为例，假如，河北今后要建一个燃煤电厂，就不能自己说了算，可能还得听听北京和天津的意见。但这些政策究竟何时启动，尚需时日。

蓝天白云需要强势法律保障

除了经济要转型、监管模式要改变外，灰霾污染的频繁登场也让法学家开始思考，如果法律本身不足以控制污染，不足以根除雾霾，不足以给我们一个蔚蓝天空。那么，我们就需要制定一部新的法律。

中国工商联环境商会秘书长骆建华专门比较了我国的《大气污染防治法》和美国的《空气清洁法案》，在他看来，相比较美国《清洁空气法》，中国的《大气污染防治法》过于简单粗糙。美国《清洁空气法》约60万字，270个条款；而中国的《大气污染防治法》仅8500字，66个条款。

"区区15页纸的法律又怎能控制住蔓延整个东部的雾霾，又怎能使13亿中国人呼吸到清新的空气？"骆建华说。

具体而言，中国的《大气污染防治法》缺乏刚性约束。比如，美国法律规定，对违规排污者实行"按日计罚"，每天罚款2.5万美元，或者处以5年之内的监禁，或者两者兼有；如果重犯，则加倍处罚。对捏造、篡改排污数据的，处以罚款或2年之内监禁。对因疏忽而向空气排放有害气体的，则处以100万美元的罚款，或15年之内的监禁。同时，对举报违规排污并属实的，给予1万美元的奖励。

而中国的法律规定，对违规排污者，处以1万元至10万元的罚款，而且是一次性的。对其他违法行为，大多数罚款也就是2万元或5万元。对造成大气污染事故的最高罚款也不过50万元。两相比较，可以看出中国的法律过于"仁慈"，不足以震慑违法排污者。同时，也使得"守法成本高、违法成本低"的现象长期难以得到扭转。

再有，中国的《大气污染防治法》缺乏精细化管理。美国法律一个显著特点是，对空气管理对象进行分类，并采用不同的手段细化管理。比如，美国法律光是有害污染物就设定了189种，并在法律中详细列表。对标准污染物不达标地区，则分别规定了各种控制措施；对有害污染物控制则主要侧重于采用技术标准。

骆建华介绍说，美国自1990年开始实施新修订的《清洁空气法》，经过20年的努力，空气质量有了实实在在的改善。主要污染物排放量有了大幅度下降，1990年至2010年间，二氧化硫下降67%，氮氧化物下降42%，挥发性有机物下降29%，一氧化碳下降50%，PM10下降34%，PM2.5下降56%。与此对应，空气质量出现明显好转。

事实上，近年来学界已经有不少专家建议，我国当务之急是要抓紧制定中国版的《清洁空气法》，以取代已有的《大气污染防治法》。特别是，在法律中要明确制定主要污染物减排时间表和区域空气质量达标时间表，尤其是要加大违法排污处罚力度。可参照美国法律，对违规排污者实行"按日计罚"，每天罚款10万元，或者处以两年之内的监禁，或者两者兼有；如果重犯，则加倍处罚。

记者手记

2013年全国"两会"期间，北京的空气相当的不给力，既有漫天黄沙的沙尘暴，又有呛得人喘不过气的灰霾，让参加会议的4000名全国人大代表和政协委员惊呼，真正见识了北京的空气污染。而此时距离环保部公布《环境空气质量指数（AQI）技术规定（试行）》刚刚过去一年。

当时公布环境空气质量指数新标准时，很多人认为这是一场有关PM2.5战役的胜利。其实，这就像给生病的人量体温一样，只是刚刚知道了病人是否发烧，治疗还没有真正开始。究竟引发病症的原因是什么？该用什么药？一切尚未明晰。

大事记

2012年　2月29日，环保部发布环境空气质量标准（GB3095—2012），PM2.5被纳入环境空气质量标准的监测与发布中。

3月5日，温家宝所作的《政府工作报告》首次提及PM2.5。

12月5日，环保部对外发布《重点区域大气污染防治"十二五"规划》，提出了京津冀等重点地区空气污染治理的思路。

河道之殇：北京7·21特大暴雨反思

卢美慧

（卢美慧，《新京报》社会新闻部记者）

摘要：2012年7月21日晚，北京突发特大自然灾害，持续近16小时的强降雨致16000平方公里受灾，受灾人口达190万人，79人被确认遇难，5万余人因灾转移，因灾经济损失超过百亿元。

同时，这场特大暴雨洪灾也席卷了临近的河北省。保定、廊坊等9个设区市的59个县（区）遭受严重洪涝灾害。根据官方通报，266.92万人受灾，34人死亡，18人失踪，农作物受灾面积170.71千公顷，直接经济损失亦超过百亿。

7·21特大暴雨之前，房山境内多条河道已经枯水多年。连年的干旱降低了人们的防备，拦坝蓄水、沿河盖楼、填河造田，人们想当然的认为，沉默甚至干涸的河流上升起的楼盘、球场、农田、石材厂是"改造自然"的又一成果。终于在7月21日当天的特大暴雨中，大自然轻而易举地教育了人类的这种盲目的自信。

7·21特大暴雨后，记者深入房山重灾区，针对房山境内河道违规占用现象进行调查。调查发现，房山多条河道或是长年不得清理、或是被占做他用，以致在洪水发生后，无法发挥正常的泄洪功用，从而令洪水泛滥成灾。

在河北镇、青龙湖镇，砂石厂、石材厂违规占用河道导致泄洪不畅；大石窝镇后石门村附近，一条河道被多处截留后形成多个以蓄水为目的却缺乏管理的小水库，在洪水来临时成为"定时炸弹"；韩村河镇东南章村、房山区中医院，公共设施规划不合理酿成悲剧；周口店镇、长阳镇，住宅小区紧邻河道严重被淹，造成人员伤亡。

关键词：7·21　特大暴雨　河道做农田

南泉河上的农田、引水渠和橡胶坝

常年无水的南泉河，本是条承担泄洪功能的河道，而暴雨降临前，这条河道却承载着很多额外的功能。

河道上游，一座在建桥梁工程致使河道拥堵；中游，农家乐拦坝截水、筑池养鱼；下游，人为更改河道、侵占河堤。

冲下的洪流，被河道上的设施4次抬高水位，而冲击力就意味着破坏力。

从上游到下游，如同多米诺骨牌一样，水坝、河堤顺次崩塌。

河道做农田

南泉河，上游发源于水头村，紧挨云居寺，由北向南穿行至下游的后石门村。因其水量变幻不可测，村里的老辈人，也叫它无量河。

村里的老辈人回忆，这是条自然形成的泄洪河道，上一次从这条河道奔涌下来的最大洪流，还是在1928年，那年山洪暴发，河水也淹到了村庄，但当时河道顺畅，没有造成太大损失。

洪流在84年之后再次呼啸而来，2012年7月21日晚，有村民拍摄的视频可见，村道已成汪洋，从上游奔涌而下的洪流中，汽车、电冰箱、洗衣机等在洪水里翻滚。村里的一辆出租车几乎被砸成"饼"。后石门村支书王宏杰介绍，后石门村有600多户村民，水灾共造成400余户受灾，许多房屋被冲毁，仅初步统计，财产损失就达9000余万元。

这84年间，南泉河河道经历了怎样的变化？

村里的年轻人或许不知晓，75岁的王德生却十分清楚，村里那片首先尽没水中的玉米田，就是南泉河故道。

1964年，全国掀起"农业学大寨"之风，政府号召农民敢于战天斗地，治山治水。为了开荒拓地，当时村里的壮劳力王德生响应村委号召，和村民们一起，填河造田。

一项浩大的工程由此展开。

历时半年多，坚信人定胜天的村里人，用一车一车的黄土将南泉河约30米宽、近千米长的河道几乎填没，种上农作物和树木。此后，河道之上的这些农田，成为后石门村肥沃的耕地。

无用的引水渠

在王德生的印象里，近年来，南泉河水量极少，"平常也就十几厘米的水位，稀稀拉拉地淌着。"

除了填河道造农田，王德生回忆，上世纪70年代，在南泉河故道向东50米远的地方，村民们又新挖掘了一条引水渠，引水渠入水口宽约5米、渠内最窄处宽约两三米。

同时，村北侧上游，南泉河桥下，村里在近40米宽的河道上，拦河斜着修筑一条近2米高、百余米长的拦河坝。设想是：把原本40米宽河道所能容纳的水量，引到新建的水渠里，确保在故道上开辟的农田无虞。

王德生的家就住在引水渠附近，7月21日晚，惊慌失措中，王德生看到，那条引水渠中，并没有太多水，洪水并没因拦河坝而更改流向，而是硬生生地将拦河坝冲垮。

8月8日下午，王德生站在自家门口，望着满是淤泥的南泉河故道，喃喃自语，"本来填河是为了多种地，谁承想，它又流回来啦。"

自然法则教训了意图肆意改变它的人们，还耕地为河道也许不是难事，但若想彻底清除泄洪道上的障碍物却并非易事。

从上世纪90年代开始，村子还将这片河滩以每平方米400元的价格，出售给村民做宅基地，而今河滩上已建起二三十处民房。

难以改回的还有后石门村的西北方向，这里自古就有一条叫做小河堰的行洪道，专门把村子西北方向山上下来的山洪引入南泉河。上世纪60年代以前，小河堰的宽度一直在30米上下。

村民王凤璋住在小河堰上游，据他回忆，从1960年代之后，由于常年无水，村民们开始在小河堰河道旁占河滩盖房，"你多盖半间房，他多砌个院墙，原本30多米的河道，变成如今四五米宽的河沟。"

"（南泉河）上游的水咋会这么急？"很多后石门村的村民不解。

10米高水坝崩塌

除了南泉河桥下的拦水坝，向上游约一公里远的下庄村，河道东侧，是一个叫做小河人家的农家院。

多年前，农家院的位置上曾是一座采石场；四五年前，村民王云天（化名）关闭了采石场，紧挨河道，建起一排平房，供从城里来的游客避暑。

王云天还在河道上修起一座水泥板桥，使农家院与对岸的马路相连。夏天时节，游客在农家院避暑，唱露天卡拉OK，吃当地特色的虹鳟鱼。

为了增加水上娱乐项目，在南泉河河道里，王云天还筑起一条0.5米高的水堰，形成一片宽阔的水域，上面摆放着竹筏，供游人玩乐。

21日下午6点多，洪水抵达农家院。上游冲下来的树木杂物，被低矮的平板桥阻挡，水逐渐漫过河堤，涌进农家院，水深达一米多。

在农家院西北方向，是三岔村的一座大型拦水坝。

7月21日，大雨如注，山洪暴发，三岔村停电后，村书记李国明担忧村东头的大拦水坝，专门安排水情观察员监控拦水坝的水情，"我们当时想，如果水位抬高，与其等着决堤溃坝，还不如申请用炸药炸个口子，让水慢慢往下流。"

三岔村大坝是一个封闭的系统，当年修建大坝的目的只是为了蓄水给旱地浇水，却没有设置泄洪口，"主要是因为没出现过这样大的洪水。"

没有人告诉村里，大坝蓄水达到警戒线后该怎么办。

水情观察员赶去拦水坝前，见10米多高的拦水坝里水位已有五六米，飞奔回村报告。

没等三岔村作出决定，10多分钟后，水情观察员再去拦河坝时，坝里的水位已从五六米到了大堤顶部。观察员再次回报，没等人到村委会，水坝在身后崩塌。

8月8日，南北走向、坝基25米、堤高10米的大坝，中间被洪水冲出一个七八米宽、一深到底的大豁子。

王云天当晚并不知道，三岔村的拦水坝发生溃坝，大量洪水注入南泉河，还以为是上游的橡胶坝出现了问题。

直到8月8日，他依然对上游的橡胶坝表示不满，"若没有橡胶坝，我的损失也不会这么大。"

失控的橡胶坝

王云天所埋怨的橡胶坝，位于南泉河下庄村段，一处叫做云集仙客的农家院内。

农家院老板刘连军介绍，由于南泉河常年水量稀少，为了给一桥之隔的云居寺景区添些景致，2000年，房山区水利部门在此处挖坑筑坝，把原本5米左右的河道，开挖成一片面积17亩的水域。刘连军以每年约3万元的租金，从村里承包下来，傍水建起农家院，在水域中养鱼。

为了控制水量，在水域下游，水利部门还修筑了一个可调控的橡胶坝。

橡胶坝由纤维材料做成，内部注水，形成袋式挡水坝，坝顶可溢流。

橡胶坝能够人工调节，通过控制袋内水量，来调节坝高，控制水位。当水量较大时，仅一人之力即可扳动橡胶坝阀门，将橡胶坝袋内水放掉，水袋瘪掉，橡胶坝高度降低，达到调节水塘内水量的目的。

7月21日下午5点多，上游山洪突至，水面陡升。刘连军的农家院合伙人告诉他，让他赶紧放水。

刘连军有些犹疑，"如果放水，三万立方米的库存水下去，我们村就完了。"洪水中，他告诉合伙人。

但十几分钟之后，橡胶坝就已经不受刘连军控制。洪水涌上河堤后，没过平房一米多深，控制橡胶坝的机房也被淹没。

上游冲下来的树木堵在橡胶坝上，使水位越积越高。橡胶坝袋体内的水受压后流出，袋体变瘪，洪水、堆积的树木，连同刘连军的八万斤鱼，倾泻而出，奔向下游，猛兽般冲入南泉河。

河堤旁的城市住宅

哑叭河、周口店河，在房山境内并不起眼，部分河道内常年缺水。

"7·21"特大暴雨中，长阳镇境内，哑叭河内的大水涌入碧桂园小区，积水约10万立方米，两人触电死亡；周口店村，周口店河的洪流卷走龙乡苑小区十几辆车和一条生命。

小区怎么成了灾区？是天灾还是人祸？

两个小区的受灾业主发出相同的追问。

遭洪灾的住宅楼

碧桂园小区，紧邻着哑叭河。

7月21日的暴雨中，小区所有地下室和部分一层住户被淹，近300辆私家车泡在地库受损。更让一万三千多名居民惶恐的是，暴雨中两人触电身亡。

"楼房怎么还成了灾区？"宋晓莹说，父亲在暴雨中触电遇难，大水退后，她和受灾的碧桂园业主，想为水祸找到原因。

同样寻找答案的还有家住龙乡苑小区的李响，7月21日的暴雨中，李响的姐姐李丹在住宅楼下，被突来的洪水连人带车卷走。

"抬眼就能看到卷走我姐的河。"站到6楼的窗口，望着楼下坍塌的河堤，李响觉得有责任给姐姐讨个说法。

龙乡苑小区，紧邻周口店河的15号、16号楼受灾严重。

7月21日，李丹原本计划着开车去接被暴雨困在单位的父母。刚出家门口，河里的洪水突然冲出来。几乎同一时间，15号楼前方的地面连同河堤一同塌陷，"停着的十几辆车一下子被冲走了。"居住在15号楼四层的老章，目睹了全过程。

谁推平救命河堤？

通过QQ群，宋晓莹找到了碧桂园早期的照片。

照片上，碧桂园与哑叭河之间的河堤高出地面三四米，上面还有条可供步行的小路。

宋晓莹记得，她还曾和父亲去河堤上散步，三四米高河堤还有些陡，"要弓着身子爬"。

碧桂园业主证实，今年年初河堤被夷为平地，"河里平常没什么水，当时也就没在意。"

暴雨肆虐的那个夜晚，失去了河堤的遮挡，河水疯狂涌向碧桂园。

"如果河堤还在，一切可能不会发生。"大水退后，汪小红和碧桂园的灾民开始追问。

公开资料显示，长阳镇境内哑叭河属小清河支流，承担着防洪泄洪的功能。

加州水郡小区与碧桂园小区隔河相望，因为老堤坝的存在，加州水郡小区在此次暴雨中安然无恙。

谁夷平了河堤？

《防洪法》规定，城市建设不得擅自废除原有防洪围堤，确需废除，应经水行政主管部门审查同意，并报城市政府批准。

对此，碧桂园开发商下属的瑞华诚物业经理王燕称，"过了马路（碧桂园与哑叭河之间的窄路），就不是我们的管辖范围。"

长阳镇政府相关人士接受采访时否认河堤的存在，但表示"水灾发生后，镇政府组织人员加高了河堤，防止再次倒灌。"

暴雨过后，碧桂园外一条新河堤开始修建，高出地面约1.5米的土堆绵延，将碧桂园和哑叭河重新分割开来。

居民们称，新土堆的位置就是原有河堤的位置。

记者调查，近几年长阳镇房地产开发如火如荼，仅碧桂园附近就有四处商业楼盘。哑叭河穿行其中，紧邻河畔一度被视作黄金卖点，更修起不少石桥、假山等景观建筑。从长阳环岛至碧桂园，不足两站地的路途，记者发现人为拦起的拱桥就有两处。

"天灾抵抗不了，但决不为人祸买单。"水灾过后，碧桂园的业主联合起来，搜集证据、寻找律师，准备起诉。

代理律师浩伟律师事务所徐仲称，按照《防洪法》相关规定，河堤被拆除必须经过水务部门的审批，即使未经审批私自拆除，政府部门也应承担相应的监管责任。"如果确系碧桂园外的原有河堤被破坏，可对政府部门提起行政诉讼"。

被指侵占河道的楼房

碧桂园外修建河堤时，龙乡苑小区15号、16号楼下也在施工。

龙乡苑被一两米宽的周口店河道隔开，15号、16号楼通过石桥与1号至14号楼相连。

15号、16号楼距离周口店河最近的位置只有一两米，附近河堤高出地面约30厘米。对岸的1号楼至14号楼距离周口店河约15米，虽然河堤也不高，但有陡坡与河道相隔。

8月8日，李丹被水卷走的地点附近，工人正用大石块和水泥修筑着更为坚固的河堤。自称周口店村委会人员透露，"我们的任务是先把河堤修好。"

相比于被洪水摧毁的老河堤，新修的1.5米高的河堤堪称豪华，硕大的石块经水泥联结，重新将15号、16号楼同周口店河分隔。

新河堤并不能让15号、16号楼的居民彻底安心。

他们怀疑，自家楼房的位置才是灾难的根本原因。

距离龙乡苑不远的一片平房区，住着一些老居民。67岁的张国旺在周口店村生活了20多年。他回忆，龙乡苑15号、16号楼所在地，原来就是周口店河流经的地方。但连年干旱，河里一直没什么水，"后来不知怎么就被开发盖楼了"。

张国旺的话让李丹的妹妹李响想起来，去年9月份，他们一家人来买房时，"当时15号、16号楼前还没有修，地面上都是鹅卵石。"

如今，两栋楼下坍塌的路面露出能塞进一辆汽车的大空洞，里面仍可见大量鹅卵石。

居民们怀疑，龙乡苑小区15号、16号楼违规侵占河道建设。

8月8日至10日，记者多次向周口店镇政府求证此事，不愿透露姓名的宣传干部称，"需向领导请示，领导近期都在一线指挥灾后重建，不便当面采访"。截至记者发稿时，提交的采访提纲未得到回复。

但据《中国房地产报》针对此事的报道称，周口店镇政府村建科人员承认，龙乡苑属违法建筑。

另一个事实是，多名15号、16号楼的住户证实，他们并无房产证和购房合同等，只有周口店大队给的收据。

有居民透露，15号、16号楼和对岸的1号至14号楼"性质不一样"，是周口店村村委会的干部集资兴建，然后以村委会大队的名义卖出。但该说法未得到周口店村、周口店镇政府的证实。

8月8日，记者从李丹被冲走的地方，沿周口店河查看，越往上游走，河道越深、河堤越高。从上游到下游，龙乡苑15号、16号楼处于河道收紧处的最低洼的地方。

排洪泄洪设施缺位

住宅楼究竟该离河道多远？北京大学城市规划与发展研究所所长高志称，市政有一个建筑红线，要求住宅或公共建筑距离主要道路适当后退一定米数。大部分城市要求在10米至15米之间。

他认为，在河道附近进行土地开发，首先要保障原有河道不被占用、改道；河堤建设方面，所建堤坝必须要经过相应测算，与地面达到一定的高度差并符合相应建筑标准以确保安全。

以碧桂园为例，紧邻的哑叭河是一条泄洪渠。"河道边的开发都有非常严格的标准。"高志说，"如果确实存在违规行为，政府部门应该拿出应有的态度处理。"

同时，高志认为，此次房山区成为重灾区，是内涝和外泄双重作用的结果。如果说城区内的灾情凸显了基础设施的落后，那房山的灾情还有排洪泄洪设施缺位的结果。

以碧桂园所在的长阳地区为例，这片区域原本处于小清河分洪区的范围内。但由于常年干旱，土地功能发生变化。之后经历了一系列专业的评估测算后，经过北京市、海委、水利部等相关主管部门审批，小清河分洪区规划得以调整，长阳、良乡和窦店三块区域等辟为"安全区"用于城市建设开发。"这个本身没有什么问题。"高志说，问题在于上述地区开发利用过程中，排洪泄洪的河道设施等没有完全跟上。

石料厂、停车场与受灾村庄

7月21日晚7点46分，房山区青龙湖镇常乐寺村，家具厂女工曹付湘在租住的房屋内，拨通了老板许海涛的电话，"救命！"

毫无征兆的，地势并不低洼的常乐寺村，洪水瞬间及膝，窗外的轿车和油罐漂了起来。租住小院朝南的大铁门两米多高，洪浪遭遇院墙，再往前一涌，铁门像手里的纸片，瞬间被折弯。

屋门已打不开，曹付湘打完电话，抱着8个月大的女儿跳窗逃生。就当她们试图通过大铁门往屋顶爬时，铺天盖地的山洪终于绕过村北头河道里堆积如山的砂石堆，瞬间席卷了村庄。

曹付湘母女消失在洪水里。

吞没河道的砂石堆

曹付湘所在的家具厂向北约一公里，是常乐寺村和晓幼营村的交界处，一条七八米宽的无名河自西北向南穿越两村。河道下游是崇青水库，村子地势和水库大坝几乎相平。村民称，2002年也有山洪，但洪水顺河而下直入崇青，与人无犯。

河道是在2005年前后被改变的。

记者多次沿河道向上游查看，从常乐寺村到西北方向的河流源头大约10公里距离，河道宽度多在七八米，深度近两米，但到了常乐寺村附近，已很难发现河道。

村民告知，村北头聚集的五六家砂石场附近就是河道。

记者这才发现，部分砂石场将厂房建在河道里，更有两座近30米高的砂石料山直接堆在了河道上，宛若小山。

周围，砂石场、空心砖厂、砂石堆已将河道重重围困。

"这些砂石场最早的得有10年，到了2005年前后，多个砂石场进驻，砂石料也越堆越高，最近这几年，直接就没河了。"常乐寺村民说。

常乐寺村北侧，一个做空心砖的工人称，洪水当晚，山洪本是顺着河道往南流，不料遭遇砂石堆，"洪水在砂石堆前越聚越多，但走不下去，呼啦啦又折回来，原本应直接流向水库的洪水，被迫冲向常乐寺村。"

"河道不被堵，洪水就不会向两边走。"常乐寺村民认为，村子受灾严重，主要原因就是河道被砂石堆阻断，洪水进无可进，只能借道村庄。

对河道被占的情况，多名村民证实，他们平均一个月就会向有关部门反映，也有水务部门来勘查，检查的人来了，砂石场就在砂石堆上挑出一条一两米宽的沟，权当整改。"这些砂石场很多都没证，有证的也早过期了，可就是赖着不走。"

"砂石场糊弄得了检查的，就怕他们糊弄不了洪水。"有村民透露，洪水当夜，河道附近一座砂石场的生产厂长看到形势不对，开着挖掘机试图去挖开砂石堆挑出河道，不料洪水倾巢，连人带挖掘机，一切都被冲走。

寄生河道的厂房

记者调查发现，在房山，受灾严重的村庄，大都与石料加工企业侵占河道难脱干系。

河北镇檀木港，一个大石河河道边的村子。大石河里并没有船影，更多的是浅且小的潺潺溪流，以及一堆堆的乱石。主河道如此，檀木港村东汇入大石河的泄洪道白石口沟，更是没有多少水，一条仅宽1米多的暗沟，都时常断流。

但这些都是7月21日之前的印象。

当天，河北镇是北京降雨量最大的地区。白石口沟泄洪道里，山洪从上游奔涌而下，将沟里的阻挡物全都抹平，除了河滩内的玉米地，也包括沟南端6家石材加工厂大院。

因为所在厂子位于泄洪道中间，等郝世尧夫妻发现山洪下来时，他们已被困住，整个房子成了洪水中的孤岛。

村里老人说，原来泄洪道内，是没有任何建筑和田地的，"河滩就是河滩。"

最早开垦河滩成地，是在全国刮起"农业学大寨"时期，白石口沟里稍微平缓点的地方，就被开垦出来，种上玉米、花生。郝天桥也记得，最早在河滩里建起的，是10多间驴棚，就在如今他的院子里。

"就算是汛期，这里也没有太大的洪水。"郝天桥说，为了让沟里的水顺畅地流到大石河，村里在白石口沟河道下，修建了一条宽1米多，高一米五的暗沟。就算是夏季汛期，水面最多也只是没过脚踝。

檀木港村北侧的山里，还出产山石，村里建了石灰场，也有很多个体户做石材加工生意。但这些厂子，都在村里。

"当时为了减少粉尘和噪音污染，自1999年起，村里让所有加工厂，逐步搬到了白石口沟里。"现任村支书蒋士立说，可能是多年无洪水，大家都放松了，认为不会发大水。

两年前，村里已要求所有石材加工厂转型，但并没要求完全迁出。郝天桥响应号召，停了每年能赚20来万元的石材场，改建成了观光园。而郝世尧的厂子，也处于停工状态。不过即使如此，没有卖完的石料和原料，仍堆放在厂子里。

"从白石口沟南口的堤坝向北，共有132间房子占据了近一公里的泄洪道。"蒋士立说，洪水袭来时，这些房子都被冲毁。

政府反应：全力清理泄洪河道

　　7月27日，北京市委书记郭金龙到房山区看望灾区群众并检查指导救灾善后工作，对规划建设、基础设施、应急管理中暴露出的问题提出反思，要求加强和改进工作，使规划建设更科学、更符合自然规律，确保灾难不再重现。

　　在7月30日召开的北京市2012年上半年经济形势分析会上，郭金龙再次提出，各区县、各部门认真落实防汛工作部署，在郊区，要对山洪、泥石流高发地区的险村险户，抓紧实施规划搬迁，下大力气抓好泄洪河道的清理工作。

　　8月4日上午，市委书记郭金龙在丰台、房山两区现场调研河道疏浚整治及水系规划建设情况时强调，在河道规划建设中一定要尊重自然规律，切实提高防洪应急处置能力。

　　郭金龙说，郊区防洪安全是首都城区汛期安全的重要屏障，只有郊区的河道畅通，才有城区水畅其流。

　　房山区是7·21特大自然灾害的重灾区，共430个村庄、80万人受灾，9万间房屋受损，1.34万间房屋倒塌，直接经济损失88亿元。

　　7·21特大暴雨后，房山区水务局对辖区内的17条河流河道进行行洪排查，并联合城管部门对吴店河、拒马河、大石河内11处违建进行了拆除，拆除面积约550平方米。

　　房山区水务局对河道治理提出举措：严禁河岸挖沙，严控景点开发；在清理行洪河道堆积物、树木等杂物的同时，严禁任何组织和个人在河道两岸挖石采沙。清理旅游景区内被冲毁的旅游设施，未经允许不得进行任何形式的开发建设。

记者手记

关于7·21，我们最该记住什么

我是一名新记者，参与到"7·21特大暴雨"报道的时候，距离成为一名记者不足十个月。既然是新记者，自然不懂得灾难报道固有的章法，但也有个观察的便利，从参加报道的一开始，就好奇着官方和民间对这场灾难的认知。

生命，无疑是人们最先关注的。在那个暴雨的夜晚，京冀两地超过100名无辜的生命被吞噬。他们中有的是在城市积水的桥下，闷在车里窒息而死；有的是在被雨水倒灌的地下室内溺亡；有的是在自家小区内，被漏电的路灯浸泡在雨水中的电线击中身亡……

官方很快认定这是一次"特大自然灾害"，的确，对于习惯干旱的北方，一下子那么大的暴雨、洪水，理应有难以承受和抵挡的借口。

现在去回想那场灾难，我自然而然还是会想起广渠门桥下逝去的丁志健，想起京港澳高速路上被冲走的郑冬洁，想起韩村河边打捞起的王建生……在暴雨之前，他们各自过着各自的安稳人生，但是一场大雨，他们都成了逝者名单上冷冰冰的名字。

除了逝去的生命，关于这场暴雨，我们该反思的还有灾害发布机制、公众防灾意识、城市下水道系统、下凹式立交桥设计缺陷等等。

但开始写这篇文章时，记忆硬生生把我拖拽到和《新京报》的同事们沿着房山的大小河流寻找"答案"的场景里去了。

我对新闻报道的理解是，除了告诉人们"灾难发生了、生命逝去了"，还应该告诉公众"为什么？"灾难后的大地和河流是沉默的么？

我不这么认为。沿着河流，我和同事们发现了无水的河滩上建起的房屋、工厂、停车场，发现了为了供游人嬉玩围起一片水域的橡胶坝，已经沿岸的百姓跟我们讲述的那些已经被洪水卷走的农田、猪场等等。

人们总爱说"人定胜天"，但是想到受灾的老百姓拉着我们看在水灾中丝毫未发挥作用的引水渠，嘴里念叨"这水有它自己的流向，你挖条沟让它改道儿，它不听你的"，脸上对自然敬畏的表情，我觉得这场灾难，最该让我记住就是，人类对自然应有的敬畏之心。

我们应该敬畏每一条河流，而不是为了眼前的利益，更改它、填平它、甚至毁灭它。

很多人问我，"7·21"之后，最期待的改变是什么？老实说，我并不担心北京城内排水体系更新和重建，由于首都的特殊地位，在付出了无辜生命的代价后，城市管理者总该有个交代。

我更关心的是，像房山一样的远郊，每一个倚水而生的乡村或城镇，能否吸取"7·21"的惨痛教训，学会尊重和爱护自然。

因为河流和村镇的故事，远不仅仅在北京的2012年7月上演。

《环保法》修法之争

杜悦英

（杜悦英，新华社《财经国家周刊》资深记者，2009年起从事环境新闻报道。）

摘要：业内吁求长达20余年的《环境保护法》修订工作，终于在2012年迎来突破：进入全国人大常委会审议程序。然而在《环境保护法修正案（草案）》公示后，除了对修法这一行为本身的必要性予以肯定外，来自环保行政系统、资源环境法学界、企业和公众等，表达最多的是各种质疑。

修法的背后，浮现出中国环境法制体系的学理问题，更关乎环境保护的诸多政府部门之间，长期而复杂的权力博弈。进一步的修改稿何时完成，进入下一轮审议，目前尚无时间表。相关的各种博弈，也仍将继续。

关键词：环保法　修订　质疑　博弈

2012年9月的一天，马勇看到在全国人大网站上公示的《环境保护法修正案（草案）》（下称《草案》），他当时的第一反应是，"怎么会是这样？"

马勇是名律师，身为环保部下属机构——中华环保联合会环境法律服务中心督查诉讼部的部长，他一直关注《环保法》的修法工作。很多环保界人士与他一样，在期待了23年后，面对终于姗姗而来的《草案》，他们的脸上堆满了失望。

2012年9月28日，《草案》面向全社会公开征求意见的一个普通工作日。这天，"全国人大法律草案征求意见管理系统"在15时许显示，来自社会各界对《草案》的意见，有大约3500条；然而就在短短9个小时后，即29日零时许，这一数字骤然飙升至10525条。

一个细节足以证明《环保法》修法的受关注程度。与《环保法》草案同期，全国人大还向社会公开征求对《旅游法》和《特种设备安全法》两部法律草案的意见，同样截至9月28日24时，则分别只收到了1895和441条意见。

最终的统计显示，在这个网络平台上，关于《环保法》草案的修订意见达11748条。

"《草案》与现行《环保法》相比，并无大的根本性改变，整个资源环境法学界，几乎一边倒地表示失望，质疑声音非常多"，资源环境法学者、中国政法大学王灿发教授，如此描述这场关于《环保法》的修法之争。

《环保法》修法之争的背后，浮现出中国环境法制体系的学理问题，而与之相比更为纠结、也更为难解的，则是关乎环境保护的诸多政府部门之间，长期而复杂的权力博弈。

弱势修法

2012年9月26日，中华环保联合会环境法律服务中心督查诉讼部部长马勇，接到来自河北乐亭一位渔民电话，这位渔民告诉他，此前康菲公司因漏油事件应当赔付渔民的款项，由于当地政府的原因，至今仍未到位。而且，即便赔偿款到手，"那也远远弥补不了我们的损失"，马勇放下电话，一脸无奈。

2011年12月，河北、山东等地的107位渔民来北京找到马勇，寻求司法帮助。这些渔民是康菲漏油事件的受害者，在这场企业肇事的环境污染事件中，他们分别遭受了几十万至上百万元不等的经济损失。12月中旬，马勇和他们一起到天津海事法院起诉康菲公司，索赔4.9亿元。但起诉书提交之后，对于是否受理这一案件，天津海事法院没有明确答复，他们只是答应，会帮忙推进此前经行政调解，康菲集团总共出资的总计10亿元的赔偿款尽快到位。

"在中国，企业的违法成本实在是太低了。"马勇感叹，康菲实在不是个案。更令这位在环境公益诉讼实务界工作多年的律师失望的是，对于如何有效治理企业非法排污，《草案》并没有比现行《环保法》更进一步，"超标即违法的原则，并没有得到落实。现行《环保法》规定的处罚办法，《草案》也依然是这些办法。"他说。

"我简直怀疑，《草案》不像是全国人大环资委起草的，倒像是那些环境污染企业和经济主管部门联合起草的"，谈起对《草案》的意见，北京大学法学院汪劲教授，认为其最大的不足，便在于无法有效解决企业环境违法成本低的问题。

这一意见凝聚了很多共识。美国环保律师协会的林燕梅律师也表示，针对企业非法排污而设计的排污许可制度，见于多个国家的环保法律条文，已经属于非常成熟的制度，多年来，也取得了良好的司法实践，但这些在中国的《草案》中，却无体现。

此外，国内一些城市在监管企业排污方面所运用，并产生明确收效的手段，《草案》也未予以借鉴推广，这也令环境法学者颇感遗憾。

重庆市于2007年颁布的《环保条例》，在全国第一个实行"按日计罚"制度，对违规排污拒不整改的企业，以天为单位，累加罚款，追加排污费；对已经造成污染事故的企业，加收2到5倍的排污费。尽管环保部高层曾公开评价称，重庆的"按日计罚"这一先例创造了有价值的经验，2011年，重庆的环保指标完成情况也好于全国平均水平，但是，在《草案》中，"按日计罚"并无踪影。

更令人遗憾的是，从《草案》看，本次环保法修改没有将环境公益诉讼、排污许可等在国际通行的环境保护制度纳入。特别是公益诉讼，在2013年1月1日起施行的新版《民事诉讼法》中，已经明确为环境公益诉讼提供了法律依据，但作为专门法的《草案》，在这方面依然缺失。"这将给环保法律实践带来负面影响。"资深环境律师夏军表示。

一位长期参与《环保法》修法工作的人士透露，上述缺失，在由环保部提交到全国人大环资委的《草案》第一稿中，均有提及，但终被阉割。

同样承受了被阉割命运的条款，不论程度大小，内容不在少数，涉及公益诉讼制度、修改和完善环境影响评价、排污收费、限期治理、公众环境权益、环境标准、环境监测、跨行政区污染防治协调、政府环境质量责任、公众参与环境保护权益等诸多方面。

"想改的改，不想改的不改，笼统地拿所谓部门、企业意见做解释，远离了立法初衷"，该人士说。

复杂纠葛

"1989年的《环保法》迄今已超过20年，无论如何都应当修改，修改的必要性不是问题，问题在于，修什么，怎么修"。北京大学法学院汪劲教授，自1993年以来，多次参与全国人大环资委以及有关部门的立法、修法工作，他说，20年来《环保法》修法呼声不绝，但如今却是"修还不如不修"的结果，背后有多重原因。

而在诸多原因中，政府各部门间复杂的利益纠葛是主要原因，以至于对如今的《草案》，连环保部有关人士都深感无奈。

汪劲介绍，《环保法》之所以要修，是因为1989年以来，国家先后出台或修订的环境保护类法律多达20余部，中国环境与资源保护法律体系已经初步建立，但《环保法》的不足却越来越突出。特别是，随着《大气污染防治法》、《水污染防治法》等各个单项法律法规的不断完善与强化，《环保法》开始被架空和边缘化，作为环境保护基本法的《环保法》，开始走向越来越尴尬的境地；而二十余年来，中国的环境污染和生态破坏问题不断加剧；此外，从制度建构角度说，需要一部环保基本法。因此，环保界业内一直呼吁修法，连续多届人大也将这一工作纳入其视野。

具体看来，《环保法》之所以要修，是鉴于，其一，1989年正式施行的《环保法》，是基于中国当时实行的计划经济体制而制定，与业已实施多年的社会主义市场经济体制有许多不配套和不协调之处。其二，《环保法》是由全国人大常委会审议通过，而非全国人大审议通过，不具有国家基本法的性质；其三，目前单项环境和资源立法不足以确保政府在进行具体规划和宏观决策时考虑统筹环境和发展的关系；其四，需要明确《环保法》与单项环境法的关系。

在汪劲教授看来，鉴于保护环境不只是环保部门一家的事情，牵涉水利、土地、海洋、森林、渔业等多个部门，因此应当让多个相关部门坐在一起共同协商、综合考虑，而非由某个部门主导。他认为，我国目前环保相关法律状况混乱，应当尝试进行环境保护的法典编撰。具体操作中，应该将《环保法》升格为由全国人大制定的环境保护领域的基本法，作为环境法典的总则对待；对现在极度混乱的环保单行法律体系也应进行清理，将它们作为总则下面的具体章节。

虽然《环保法》一定要修，这是多方共识，但具体的修法历程，却是一波三折。熟悉《环保法》修法进程的汪劲教授介绍，1993年，八届全国人大成立环资委之时，《环保法》的修改就被纳入修法的议事日程，这是八届人大环资委首次讨论修法。在八届人大期间，环境和资源保护法律体系中，基本法—单项法的立法模式初步确立。

1998年，九届全国人大环资委再次讨论《环保法》修法问题，但是对于应当如何修改，难度较大、认识不一、方向不明。

2003年3月，十届全国人大环资委再次召集会议讨论《环保法》修法，但国务院法制办及各部门分歧很大，学界的学理主张分散，相关理论研究也不够深入。当年4月，原国家环保总局开会表态，希望《环保法》小改，明确以环境保护监督管理权限为中心。

2008年，十一届全国人大环资委进一步论证修法，汪光焘主任希望这一届人大能够修改《环保法》，态度积极。

不过在2009年，十一届全国人大常委会第九次会议审议通过《关于法律清理工作的说明》，认为《环保法》已不适应经济社会发展要求，但目前修改或者废止的时机、条件尚不成熟，认识尚不一致。

2010年，十一届全国人大环资委专题论证研究了《环保法》的定位于法律实施村庄的问题，认为存在法律制度设定问题、执行不到位和政府不作为等问题。

根据相关统计，从1995年八届全国人大到2011年十一届全国人大期间，全国人大代表共2353人次以及台湾、海南两个代表团，提出修改《环保法》议案共75件。开展数十次专题调研、执法检查以及专门组织法律专家和官员赴境外考察培训环境立法。

2011年初，全国人大常委会最终决定将《环保法》的修改纳入2011年度的立法工作，环资委将修法草案的工作委托环保部进行。

"从修法动议的这一历程可以看出，修改《环保法》的难度是相当大的。"汪劲说，修法作为环保法治的一项系统工程面临诸多现实课题，不仅理论分歧较大，而且因体制和机制问题导致的实践难度也很高。

知情人士介绍，在此次公布的《草案》之前，《环保法》的修订草案初稿还有多个版本，特别是环资委委托环保部起草的草案，当时环保部拿出的第一稿草案，"硬货很多"，该人士说，环保界的共识还是非常集中和明确。

但这之后，草案初稿便开始被层层阉割。"现在公示的《草案》是环保部的草案初稿提交到环资委，环资委征求各方面意见，进行修改后，最终拿出的草案版本"，知情人士称，在经历了多个政府部门的"过堂"后，"两个版本的差距已经非常大了"。

这种差距的来源，便在于政府间部门利益的博弈。最令环保界难以接受的是，《草案》中明确，"国务院环境保护行政主管部门会同有关部门根据国家环境质量标准和国家经济、技术条件，制定国家污染排放标准"。

"一旦要会同其他部门，那环保部门便会受制于它们"，该人士说，在政府体系中多年来存在的环保部门弱势的局面，并没有得到改变，除了发改委、工信部，国土、海洋等部门，也不会放过眼前的利益。

正是由于受制于多方利益纠葛，这次修法，最突出的矛盾在于，《修改说明》与草案条文之间的差异较大，颇有"挂羊头卖狗肉"的意味。"《修改说明》强调突出政府责任，但草案中并没有看到多少"，这类问题比比皆是。

体制与利益常年来的多重纠结，造成此次修法的理念没有改变，也没有触及现行《环保法》的根本问题，这成为修法的最大遗憾。

政府发声

《环保法》修法，在环保系统受到的瞩目程度，也是空前的。有报道称，此前，国家环保部副部长潘岳也曾明确提出，现行的《环境保护法》已经过时，刻不容缓地需要修改。2012年9月19日，环境保护部组织环保系统人员召开了环保法修改座谈会，收集基层政府部门对于《环保法》修改的意见建议。

除了行政系统外，环保部还分别召集企业代表、环保专家、环保组织代表等人士，广泛征询各类意见。其间，环保部机关报《中国环境报》还专门开辟专栏，摘要刊发有关观点。

环保行政系统内，最受关注的是《草案》中诸多的"会同"，环保官员们认为，这种行政体制将给其开展工作带来麻烦。

《草案》中关于此的表述是："国务院环境保护行政主管部门会同有关部门根据国家环境质量标准和国家经济、技术条件，制定国家污染排放标准。""国务院环境保护行政主管部门会同国务院有关部门，根据国民经济和社会发展规划纲要编制国家环境保护规划，经国务院宏观经济调控部门综合平衡后，报国务院批准并公布实施。"

来自地方环保部门的官员们认为，这些条款中的"会同"实行起来，可能有许多麻烦，环保部门会面临这样那样的妥协和让步，制定出的标准、做出的决策很可能不伦不类。涉及环境问题的部门大大小小有近20个，相关环境标准也有几百种，条条都需要征得其他部门同意，最终会让环保部门筋疲力尽。

环保部建议，环境监测由草案规定的"环保部门会同有关部门制定监测制度和规范"，恢复为现行法律规定的"环保部门制定监测制度和规范"。这份建议函提到，草案稿在第10、11、12

等条款中都增加了环保部"会同有关部门"制定相关环保标准和制度的字眼，在第19条中更是规定由"发展改革部门"提出总量控制指标分配意见。环保部由此指出，草案一审稿在配置环保监管职能上，弱化了环保部门的综合宏观职能，违背了现行有效职责分工和管理体制，将对环保工作带来不利影响。

在《环境保护法修正案〈草案〉》向社会公布两个多月后，环保部综合专家学者和环境保护系统的意见后，向全国人大法工委提交了《关于报送〈对环保法修正案草案意见和建议〉的函》。环保部认为，由全国人大环资委完成的《草案》，存在"在科学处理经济发展与环境保护的关系上，缺乏切实有力的措施保障；在合理界定环境保护法与专项法的关系上，基本定位不够清晰；在配置环保监管职能上，会对现行体制造成冲击；在对待各地方、各部门的环保实践上，草案没有充分吸收成功经验"四方面的问题，其中包括34条具体意见。

环保部在这封建议函中明确提出，需要补充10项环境管理制度和措施。这10项制度是，保障公众环境权益；跨部门、跨区域的环保协调机制；乡镇政府的环境管理；政策制定过程的环境影响论证；环境质量状况评价指标体系；环境功能区划、生态功能区划；污染物总量控制与环境质量管理；排污许可、排放指标交易；环境保险、绿色信贷、环境税等经济政策；生态补偿机制。

环保部认为，新的《环保法》应该完善14项环境管理制度。环境标准应由草案规定的"环保部门会同有关部门制定"，恢复为现行法律关于"环保部门制定"环境标准的规定。

对于环境基准，环保部建议表述为"国家鼓励开展基准研究"，或者表述为"环保部门组织制定环境基准"。

环保部还建议，环境信息发布应补充规定为县级以上地方环保部门统一发布本辖区环境信息。

此外，环保部还就环保规划、总量控制指标分配、排污收费、"三同时"、限期治理、现场检查、环境应急、土壤环境保护、国际合作以及生态保护等制度提出了具体的修改建议。

对于环保部的公开"发声"，有评论称，在中国既往的法律修订中，这种部委以公开、书面方式表达意见建议的现象，前所未有。

环保部还认为，草案稿在处理经济发展与环境保护的关系方面不太妥当。虽然《草案》提出了关于"使经济建设和社会发展与环境保护相协调"的理念，但并未提出具体的保障措施和程序规则，还删掉了现行法律中关于"环保规划必须纳入国民经济和社会发展计划"的规定，并规定"根据国民经济和社会发展规划纲要，编制国家环境保护规划"。

环保部认为，草案稿在界定环境保护法与专项法的关系上，基本定位不够清晰。两者在调整对象上应有合理区分，比如各专项法应以企业事业单位为主要调整对象，环保法不应再以此为调整对象，而应以政府责任、公众权益保障、社会参与机制、通用处罚规则等为主要内容。目前两者的相关规定存在重叠，具体条款甚至存在冲突。

对于之前未被采纳的将"公益诉讼、战略环评、公众参与、环境权益、排污许可、市场手段等实践成果和国际经验"纳入环保法的意见，环保部又一次建议补充。环保部强调目前立法条件已成熟，各方意见一致，现实迫切需要，修改后会产生显著成效。

此外，环保部还列举了社会各界和环保系统包括"双罚制"、按日计罚、生态损害等在内的多项具体建议，并建议全国人大立法工作机关，统筹考虑中国特色社会主义事业总体布局的最新部署，广泛体现人民群众对环境保护的新期待，充分吸收社会各界提出的意见和建议，对目前草案做进一步修改、论证和完善。

未来之路

紫金矿业污染、康菲漏油、什邡事件、启东事件……越来越多的突发性环境事件，令公众对《环保法》有了强烈期待。可惜，就目前看来，"期待越多，失望越多"，马勇律师说，在他当时参加的一次《草案》讨论会上，虽然大家讨论得积极热烈，甚至中午吃盒饭的时间都没有放过，但是，大家的心都是凉的。

王灿发教授、马勇律师，还有"自然之友"等NGO组织，也在共同推动，通过各种渠道呼吁更多人关注《环保法》修法，鼓励公众表达自己对修法的意见和建议。

对于《草案》未来讲如何进一步完善，多家环保NGO共同表示，他们最希望看到的一点是新的《环保法》能有效地完善公众参与环保的机制，建立环境公益诉讼制度。北京大学法学院汪劲教授等专家，对此也予以支持。

汪劲教授在他的学术论文中表示，完善公众参与途径，一直是我国环保立法的一项基本原则。而现行《环保法》和其他单项法律法规、包括《环境影响评价法》及其相关法规规章至今也没有切实解决这一问题。

他阐释说，限于环境和资源的多元价值，环境法律关系在构成上往往兼具公权与私权性质，一个看似简单的行政许可开发行为，法律关系的主体一定会涉及诸多对环境多元价值进行本能性利用的公众和群体，即使是司法机关在处理环境民事权益纠纷时也会拿公权力的环境标准来衡量是非。这也是为什么会有环境权的概念的根本原因，因为不当的环境与资源开发利用行为，会侵害广大公众的环境权益。从这个意义上讲，我们应当将以往《环保法》的行政管制法本位向社会法本位的方向推进。

汪劲建议，立法者应当多听法学者的建言和公众、环保团体的诉求，他们才真正代表民意。不能为了便于政府及其主管部门"好管"而将公众参与条款原则化、教条化。因为《环保法》不仅是政府及其有关部门实施环境管制的工具，也是所有公众和个人拿法律说事并据以保护自身合法权益不受侵害的来源和准据。修法时有效完善公众参与途径最简单的方法，就是将公众环境权益包括知悉权、建言权、受尊重权以及救济权等在现有条文的基础上进一步明确，特别是在行使权力和谋求救济的程序上要具有可操作性。

王灿发教授也介绍，通常，在全国人大系统征集修改意见之后，有关部门会对公众所提意见和建议进行分类整理，"有关工作人员还是认真看的，对于采用情况和不采用的理由，也会做出标注，"他说，但是现在立法机关还缺乏法定的反馈途径来向提意见的公众做出公开说明。

"只要是有质量的意见，应该都会被接纳"，汪劲及多位学界专家则认为，在体制问题难以突破、修法理念尚未改变的情况下，《环保法》修则不如不修，因仓促修改而浪费掉等待了20多年的修法机会，是不理智的，应当进一步论证争议和分歧较大的难题。

2013年3月份，十二届全国人大一次会议的一次记者会上，环保部副部长吴晓青对环保法的修订工作做了进度说明，《草案》现在全国人大法工委正在进一步论证修改。

吴晓青称，环保部将继续配合全国人大法工委做好相关修订工作，力争使修改后的《环境保护法》可以有效解决当前突出的环境问题，满足生态文明建设的需要。

负责拿出《草案》的环资委，此刻并不轻松。一方面，他们在紧锣密鼓地调研，以完成对《草案》的修改；同时，对于社会各界提出的意见建议，采纳与否也需要做出解释和安排。在此基础上，再形成一个新的修改稿，拿到人大常委会进行第二次审议讨论。而修改稿何时完成，截至本文截稿，尚无时间表。相关的各种博弈，也仍在继续。

记者手记

2012年，《环保法》修法成为业内热议题。

发酵了许久的修法呼吁，终于在这一年有所突破——全国人大环资委拿出《环保法》修法草案，向社会各界征求意见建议。但目前看来，这份草案获得的质疑要多于赞许。除了法学学者、环保NGO人士外，甚至连环保部也直接以公函形式，向有关部门和社会公众，具体表述了其对这份草案的修改意见——在中国的法律修订进程中，这可谓前所未有。

《环保法》应当重新修订，无人质疑。但具体该当如何修订？种种的修法争议，不仅仅体现出中国法学界某些学理问题有待厘清，它更加意味着，中国环保问题的解决，在顶层的制度设计上，在相关部门的利益博弈中，还有种种尚需清晰的盲点。

从民间环保界的视角来看，《草案》最大的问题在于，其一，未能给环境公益诉讼、公众参与等提供足够的空间；其次，未能充分增加惩处企业环境污染行为的力度，甚至有法律学者直呼："《草案》像是由污染企业起草的。"

事实上，上述两个方面，在世界上多个国家的环境立法实践中，已经有被屡次证明成功的环境法条可资借鉴。

民间环保界迫切希望，新的《环保法》能够对有权提起环境公益诉讼的行政机关、社会团体、民间组织，做出统一、明确的规定。根据我国民政主管部门的分类，社会组织包括民办非企业单位、基金会、社会团体三大类。如果明确了环境公益诉讼主体，公众参与环境保护就会有更为坚实的法律保障。

此外，对于惩处环境污染企业，国际通行做法是"按日计罚"制度。接受笔者采访的人士，普遍表达了对将该制度引入新的《环保法》的期待。"按日计罚"制度，即对违法行为的处罚与其违法情节相适应的处罚原则，对主观恶性强、持续时间长的违法行为实施重罚，按日计罚。特别是在国内，《重庆市环境保护条例》、《深圳经济特区环境保护条例》等地方性法规中，针对比较普遍的具有持续性的超标排污等环境违法现象，已有此制度实施。但很遗憾，在《草案》中，"按日计罚"未见提及。

在采访中，有业内人士提到，一些在《环保法》草案中没有看到的制度，或者说突破性条款，在由环保部主导的最初的草案稿中，其实是存在的。但是其后，最初的草案稿辗转多个部门，在内部征询意见的过程中，这些条款最终便不见了踪影。

现行《环保法》颁布于1989年12月26日。《环保法》修法，也算旷日持久。从1995年八届全国人大到2011年十一届全国人大，全国人大代表提出修改《环保法》的议案共有75件。从2008年到2010年，十一届全国人大环资委历时3年调查研究，开展了对现行《环保法》和污染防治相关法律的后评估工作，并专题论证研究了环境保护法的定位问题，起草了《环保法》修正案草案。

如今，人大环资委将各方声音聚拢，《环保法》修法工作还将继续下去。在本文报告截稿前夕，有公开报道称，新的《环保法》已列入2013年的立法计划。在"美丽中国"的共同愿景下，让我们共同期待一部真正称得上"进步"的《环保法》。

大事记

1989年 12月26日，现行《环保法》颁布，该法为保护和改善生活环境与生态环境，防治污染和其他公害，保障人体健康，促进社会主义现代化建设的发展而制定。

2011年 年初，全国人大常委会宣布，将《环保法》修订列入2011年度立法计划。随后，环保部成立了《环保法》修改工作领导小组，并起草了修改建议初稿。

9月，环保法草案建议稿正式提交全国人大环资委。

2012年 8月，十一届全国人大常委会第二十八次会议初次审议了《中华人民共和国环境保护法修正案〈草案〉》，后将《中华人民共和国环境保护法修正案〈草案〉》在中国人大网公布，征集意见建议。征集意见期间，总共收到修订意见11748条。

10月，环保部就《环保法》草案稿公开致函全国人大常委会法工委，提出需要补充10项环境管理制度和措施，完善14项环境管理制度等意见建议。

环境信息公开：掀不开的污染"遮羞布"

章轲

（章轲，《第一财经日报》首席记者；首都编辑记者协会理事、中国环境文化促进会传媒委员会理事，中国环境科学学会环境经济学分会委员。撰写过大量有影响力的环境新闻报道。）

摘要：国际经验表明，环境信息公开可以加强公众监督，推动企业降低污染。然而，许多地方政府并不愿意或不敢主动挑开那块"遮羞布"，甚至千方百计为污染企业袒护，这也是很多污染源长期得不到根治的重要原因。

关键词：环境信息　信息公开　公众参与

糟糕的空气质量、严重的水污染、谜一样的土壤污染数据……谁能说清楚自己身边的环境污染状况？

答案是：谁都说不清楚。因为公众想知道的这些真实调查数据都掌握在政府手里，而其中相当一部分政府部门以"国家秘密"为由，拒绝公开。

2013年初，北京律师董正伟向环保部提出申请，要求公开全国土壤污染数据信息，环保部作了长达22页的回复，但提到调查数据时，却以"国家秘密"为由拒绝公开。

而自2006年起，为全面、系统、准确掌握我国土壤污染的真实"家底"，原国家环保总局和国土资源部已联合启动了经费预算达10亿元的全国首次土壤污染状况调查。

环保部拒绝公开土壤污染状况调查数据的事，也引起了"两会"代表、委员们的热议。全国人大代表、中国社科院数量经济与技术经济研究所原党委书记郑玉歆公开表示，"虽然土壤污染问题的普查比较复杂，但从2006年开始到现在做了6年的全国范围统计调查，现在工作进展怎么样了，环保部应该向公众有个交代。"

"10%还是20%的土壤污染了，现在别人说的都没有权威性，大家都在瞎猜，也许不一定那么严重，所以这个时候更需要环保部公布一个数据。"郑玉歆说。

其实，不要说全国性的污染数据，就是一个城市的污染数据，公布情况也不理想。2012年，公众环境研究中心（IPE）与美国自然资源保护委员会（NRDC）在京联合发布"113个环保重点城市污染源监管信息公开状况"评价结果报告。评价结果显示，尽管全国113个环保重点城市污染源信息公开水平总体继续提升，但仍然处于初级阶段。只有16.8%的城市愿意将完整的污染信息向市民公开。

多数城市捂盖子

2007年，原国家环保总局局长周生贤签发《环境信息公开办法（试行）》（下称《办法》），这是按照国务院实施信息公开、保障公众知情权的要求，国家各部委中出台的第一份有关信息公开的法律文件。该《办法》自2008年5月1日起施行。

根据这一《办法》污染物排放超标的企业如果以保守商业秘

环境信息公开艰难破冰　摄影/章轲

密为借口，拒绝向社会公开排污信息，将受到重罚。

《办法》规定，环境信息包括政府环境信息和企业环境信息。环保部负责推进、指导、协调、监督全国的环境信息公开工作。县级以上地方人民政府环保部门负责组织、协调、监督本行政区域内的环境信息公开工作。环保部门应当遵循公正、公平、便民、客观的原则，及时、准确地公开政府环境信息。企业应当按照自愿公开与强制性公开相结合的原则，及时、准确地公开企业环境信息。公民、法人和其他组织可以向环保部门申请获取政府环境信息。

《办法》特别要求，污染物排放超标企业不得以保守商业秘密为借口，拒绝向社会公开主要污染物的名称、排放方式、排放浓度和总量、超标、超总量情况等信息。不公布或者未按规定要求公布污染物排放情况的，由县级以上地方人民政府环保部门依据《中华人民共和国清洁生产促进法》的规定，处10万元以下罚款，并代为公布。

然而，《办法》实施几年来，情况并不理想。

统计显示，113个环保重点城市中，污染信息公开"超过及格线"的城市只有19个，2004年为4个。有65个城市没有摆脱最低档得分，锦州、本溪、九江、呼和浩特、赤峰等最差。

"这意味着生活在这些城市中的居民依然难以有效获取这些城市的污染源信息。"环保NGO公众环境研究中心主任马军对记者说。

你想知道内蒙古赤峰市2011年污染企业集中整治的情况吗？答案是：你根本查不到。

此外，查不到的内容还包括该市的企业环境行为整体评价内容、经核实的信访和投诉公示内容、环评及验收结果公示内容以及排污收费相关公示内容。

"赤峰市5项得分为零，是113个环保重点城市中的唯一案例。"马军说。

赤峰市号称"中国有色金属之乡"，有色金属产业是其第一大支柱产业，目前规模以上有色金属采选冶炼企业就达117家。当地环保部门的统计显示，仅赤峰市克旗涉及重金属排放的企业就有20家。

尽管外界很少知道赤峰市的环境污染状况，但有一个事实难以掩盖，那就是环保部对这里的污染情况高度关注。

2011年9月，国家环保部联合检查组到赤峰云铜检查重金属污染防治工作，并"希望赤峰云铜在今后进一步加大危险废物管理力度"；2009年赤峰自来水污染致4307人就医……

四川省绵阳市的情况同样如此。该市2011年的污染企业集中整治、清洁生产审核公示、企业环境行为整体评价和排污收费相关公示等内容都是空白。但2011年绵阳市水污染、矿渣污染、电解锰污都曾引发较大的污染事件。

据马军称，公众不仅在当地政府部门的官方网站上查不到这些信息，就是直接找到当地的环保部门，申请获得这些信息都不可能。

马军告诉记者，调查发现部分城市连最基本的申请信息的渠道都不畅通，环境信息申请无门；部分城市相关部门人员调整，申请信息就杳无音信，显示这项工作还没有制度化。

民间环保组织绿色潇湘2011年在全国首次勾勒出一个省份（湖南省）全部地级市的污染源信息公开状况。绿色潇湘行政主管唐贺对记者说，公众在向当地环保部门依法申请污染信息公开得到最多的答复是"你是谁，哪个单位的，要企业的名单做什么？""你申请地方的受处罚企业名单做什么？""环保局要对企业负责，这些名单不能随便给。""要请示领导，领导批准才能答复。""我们有规定不能通过电子邮件回复。"等。

"从我个人参与环保工作的经历来看，目前环境信息公开存在的问题主要有五个方面。"湖南省人大环境与资源保护委员会办公室副主任刘帅对记者说，第一个就是不想公开。他说，这是长期以来的传统的行政方式造成的，地方政府不愿意公开行政管理的一些制度，尤其是操作过程。

刘帅说，第二个是不屑公开，对于一些环保数据，他们都不想给；第三个是不愿意公开，因为这不便于暗箱操作，也不便于引导企业在当地的投资。

"第四个是不敢公开，怕犯错误。"刘帅解释说，因为一些数据的准确性问题，不敢公开。同时也担心直接影响到群众的生活，尤其是健康方面的问题。最后是不会公开，不了解一些程序性的规定。

"许多国家都有污染物排放登记制度，包括排放、处理和运输污染物的情况，企业都要向政府报告，并且都是公开的。"美国自然资源保护委员会、中国环境法项目主任白兰说，但中国作为世界上最主要的、目前正在经历最大规模工业化的国家，在污染信息公开方面还有很长的路要走。

"不公开"的制度障碍

"如果这些城市完全根据法律法规的要求去做，得到的分值应该是65分以上。如果不仅遵守了法律，也执行了环保部政策性的规定，这些城市将得到85分以上的成绩。"中国人民大学法学院副教授竺效一针见血地指出，政府污染源信息公开推进的速度实在是太低了。

而对于谁来公布污染信息，竺效也认为值得探讨。他举例说，中国环境信息公开的架构是"双体船"，是政府信息公开和企业信息公开并行的，而美国是"单体船"，所有企业把信息报告给政府，政府是唯一的法定向公众公开环境信息的义务主体。

竺效认为，在今后的污染信息公开的设计中，应该通盘考虑排污申报登记、排污许可、排污费改税等制度。

清华大学法学院副教授程洁自2008年起就参与了北京市政府的有关信息公开的内部测评工作。他告诉记者，信息公开事实上是由一个地方的经济发展程度相关的，比如珠三角和长三角。

马军等人的研究也显示，近年来，我国环境信息公开的地区间差距继续扩大。珠三角和长三角等地区的城市公开水平加速提高，呈现整体突破态势。

马军以珠三角为例分析认为，当地环境信息公开的提速，是与当地产业结构调整，推进可持续发展这个大思路相关的。"其实从2008年做信息公开评价时，我们感觉珠三角的地方保护是比较严重的，比较倾向于捂着盖着，但是后来他们的态度发生了比较明显的变化。"

不过，曾经在深圳做了"推动公众参与和环境信息公开"项目的中国政法大学环境资源法研究所副所长杨素娟告诉记者，其实深圳在公众参与的热情上，公众参与的手段、方法和途径上，以及政府提供的方式方法上都有待改进。"深圳人居环资委不愿意再把它继续深入下去，可能有很多不愿意公开的内容。"杨素娟说。

在2011年的测评中，浙江省宁波市在"超标违规记录公示"和"依申请公开"两项评价指标上得到了满分。

浙江省宁波市环保局办公室主任谢晓程告诉记者，以"超标违规记录公示"为例，早在2003年，宁波市环保局网站就开设了

调查显示大多数城市中的居民依然难以有效获取污染源信息　摄影／章轲

"行政处罚"公告栏目，公布包括违法企业名称、违法时间、违法事实、违反的法律条款以及环保部门处理意见等具体内容，及时反映企业环保信用履行情况。2007年开始，宁波市环保处罚信息作为绿色信贷内容，提供给金融机构，建立有效的信息互通机制。

宁波市环保局对全部8个县级环保局和3个环保分局作出网站考核要求，明确必须公布包括"超标违规记录"、"项目审批验收公示"和"信访投诉案件处理结果"在内的污染源监督管理信息等内容。

谢晓程说，截至2011年底，宁波市累计公布行政处罚记录3275条。

至于公开这些企业污染信息，宁波市环保部门是否有顾虑？谢晓程对记者解释说，"没有特别的想法，我们觉得应该向社会公布。因为企业违法了，有关的情况就应该让老百姓知道。而公布的结果企业也能理解，没有什么大的反响。"

"推进环境信息公开需要加快立法，完善制度。湖南省希望通过两三年的努力，在全国推出第一个信息公开条例。"刘帅说，"我本人是希望环境信息做到依法公开、及时公开、长期公开、全部公开、主动公开的。"

"泰达"的招数

进入2013年，接连的大范围灰霾天气让大气污染受到了社会各界空前的关注。北京市人民政府法制办也在2012年1月19日就

《北京市大气污染防治条例（草案送审稿）》公开征求意见。

自然之友、公众环境研究中心和自然大学在提交的修改意见中，特别提及加强信息公开的问题。

这些环保组织认为，有效畅通的环境信息公开一方面可以提高公众环保意识，另一方面也能够加强社会对企业环境行为的监督。

意见称，《北京市大气污染防治条例（草案送审稿）》中就企业信息公开、政府部门环境信息部门发布等内容作出了部分规定，环保组织对此表示赞赏。

但环保组织也看到一些可能成为信息公开障碍的条款。如《北京市大气污染防治条例（草案送审稿）》第二十三条所述"检查部门有义务为被检查单位保守技术秘密和业务秘密"。污染物监测数据、污染物处置信息、项目环境影响评价报告等，都有可能被企业称作"技术秘密"、"业务秘密"或"含有技术秘密或业务秘密"而拒绝公开。

上述环保组织表示，这些信息与公众的利益息息相关，信息的不透明侵害了公众的环境知情权，也无法保证"任何单位和个人有权对污染大气环境的行为进行举报"的实施。

为此，环保组织建议在《条例》中加强信息公开尤其是主动

在国内，像金华盛（苏州工业园区）纸业有限公司这样公开排污口信息的企业还为数不多　摄影／章轲

信息公开的条款，并且细化内容，让这一地方性法规走在全国前列。具体包括，对公众公开废气污染源的在线监测信息；及时发布日常监测中超标超总量的企业信息及其违规信息；参考污染物排放申报登记制度，规范对大气污染源排放信息公布；通过第三方审计确认来源和数据的真实准确性；环保部门将企业排放数据进行收集、整理，建立平台向公众公布。

环境公益律师夏军说："我曾不止一次遇到企业或环保部门以'商业秘密'为由拒绝公开环境信息，而这些信息则涉及到一些公众的健康安全。"

2008年5月1日，国务院《政府信息公开条例》和环保部《环境信息公开办法》（试行）开始实施。这两份文件都明确要求政府和企业要及时完整地向公众公布污染信息。

但调查发现，就在这两份文件出台并"热闹"了一阵子后，情况变得更糟。

一些污染大户集中的省区，比如山东、内蒙古、四川、河南、湖南等，则依然少有进展，有些省份甚至不进反退。

那么，如何让企业主动公开污染治理信息呢？在16日的新闻发布会上，天津泰达环保局副局长徐修春提供了一些"妙招"。

在商务部国家级开发区投资环境评价指数排名中，天津经济技术开发区连续14年获得第一，也是国家首批循环经济试点园区。在上述两份国家出台的有关环境信息公开的文件出台后，当地首先是通过募集的办法，让企业主动报名，公开环境信息。

据徐修春介绍，2009年第一批16家，2010年为24家，2011年为28家，这些企业包括三星、摩托罗拉等为代表的跨国企业，也包括滨海能源、津滨快速等国有企业。企业的报告也都是经过第三方审核的。

"我们特别邀请供应链高端的公司来参与，或者直接跟这些公司的总部谈。"徐修春告诉记者，公司总部如果愿意公开，可以对其下面各子公司发布一个统一的要求，各子公司都会响应总部的指令。供应链的高端也可以要求其供应商进行信息披露，甚至供应商还可以要求更低的供应商来主动公开。

天津泰达环保局的另一招更绝。"对于做得好的企业,我们会以政府的名义,给这些企业的总部写一封赞赏函,以激发他们公开环境信息的积极性。"徐修春告诉记者,"我们会告诉他们,你们在天津的公司表现是多么的好。而企业的总部在接到这样的赞赏函之后,通常都会要求其在华企业一定要做得更好。"

而对于一些企业只愿意公开自己的正面信息,不愿意公开负面信息的情况,天津泰达环保局也有应对之策。徐修春说:"企业只要公开自己的环境信息,之后就不会无缘无故地停止。一旦有负面信息的时候,如果不披露,就会有负担。第二年再披露环境信息时,就会主动说2011年出现什么样的状况,经过整改现在的效果怎样,企业会把自己的面子挣回来。"

据马军介绍,本次评价的一大发现就是环境信息公开已经开始对排污企业产生压力。

截至2011年12月31日,共有540多家企业就其环境监管记录与环保组织进行沟通,仅在2011年一年中,就有218家企业对其污染问题及整改情况做出了说明。这显示了环境信息公开已经开始推动企业重新认识自己的环境责任。

"环境信息在阳光下,能真正落实并保证公众的知情权、参与权和监督权,对企业、公众和环保部门都有促进作用。"谢晓程说。

厘清信息公开内容

《国务院办公厅关于印发2012年政府信息公开重点工作安排的通知》把环境保护信息公开作为政府信息公开工作的八个重点领域之一。

2012年10月,环保部办公厅发布的《关于进一步加强环境保护信息公开工作的通知》指出,环境保护信息公开工作事关人民群众的知情权、参与权和监督权。

对涉及群众切身利益的重大项目，环保部办公厅发布的《关于进一步加强环境保护信息公开工作的通知》规定了五个方面：

公开行业环保核查信息。包括重点行业环保核查规章制度（核查程序、核查办法、时间要求、申报方式、联系方式等）；向社会公示初步通过核查的企业名单；公开重点行业环保核查结果。

公开上市环保核查信息。包括上市环保核查规章制度（核查程序、办事流程、时间要求、申报方式、联系方式等）；核查工作信息（受理时间、进展情况、核查结论等）。要求申请核查公司主动公开环保核查相关信息，包括公司及其核查范围内企业名称、行业、所在地、生产及环保基本情况等。

公开建设项目环评信息。对建设项目环境影响评价文件受理情况、环境影响报告书简本、环境影响评价文件审批结果以及建设项目竣工环境保护验收结果等相关信息予以全面主动公开。环境影响报告书简本作为项目受理条件之一,应当与建设项目环境影响评价文件受理情况同时在具有审批权的环境保护行政主管部门网站上公布。

公开环境污染治理设施运营资质许可、固体废物进口、危险废物经营许可证、固体废物加工利用企业认定等审批事项的审批程序、标准、条件、时限、结果等信息。

公开国家环境保护模范城市、国家生态建设示范区（含生态工业园区）等创建工作的考核办法、考核指标、考核结果等信息。

而对于公众所关心的各类污染信息，环保部办公厅发布的《关于进一步加强环境保护信息公开工作的通知》规定，要全面落实新修订的《环境空气质量标准》，及时准确发布监测信息。及时向社会发布各类环境质量信息，推进重点流域水环境质量、重点城市空气环境质量、重点污染源监督性监测结果等信息的公开。地表水水质自动监测数据实现每4小时一次的实时公开，发布《全国地表水水质月报》。

其中，重点城市空气质量数据以预报和日报方式定期公开。发布违法排污企业名单，定期公布环保不达标生产企业名单，公开重点行业环境整治信息。依法督促企业公开环境信息。公开每年度的"全国主要污染物排放情况"，每年度定期发布《中国环境统计年报》和《国家重点监控企业名单》。做好全国投运城镇污水处理设施、燃煤机组脱硫脱硝设施等重点减排工程的信息公开工作。

而对于重特大突发环境事件，环保部规定要及时启动应急预案并发布信息。发生跨行政区域突发环境事件，要及时协调、建议相关人民政府联合发布信息。

不过，对于政府部门的环境信息公开情况，环保组织的评价并不高。

2012年，民间环保组织自然之友发布的年度环境绿皮书《中国环境发展报告（2012）》指出，总体而言，经济发展较好的地区信息公开程度要好于经济发展相对落后地区。而在各类信息中，企业环境违法信息的公开做得最差。据中国政法大学污染受害者法律帮助中心等机构的评价结果显示，作为最重要的一项指标，企业日常超标、违规、事故记录的公示依然是信息公开的一个薄弱环节。

《报告》举例称，平顶山、锦州等城市的环保部门网站如行政处罚公示、《环境执法公报》等栏目中没有本市行政机关制作的企业日常超标和违规记录的信息，其中因无法找到任何省市级公布的信息，锦州此项得分为零。

《报告》分析，中国政府环境信息的主动公开水平有了总体提升，但区域和信息类别上不够平衡。企业环境信息公开工作则基本上处于起步阶段。

专家们表示，中国的企业污染物排放信息公开工作最终应达到的目标是使得所有向环境中排放污染物达到一定数量的企业都向公众公开排放信息。环保部门应尽快建立类似有毒物质排放清单（TRI）和污染物排放与转移登记制度（PRTR）的系统，并提供在线查询平台，以便于公众获取企业的污染物排放信息，并对其进行监督和比较，从而促使企业在面对公众的监督后更自觉地进行清洁生产，从源头减少污染物排放。

巧家爆炸案背后：
"水电跃进" 对地方社会的冲击

刘伊曼

（刘伊曼，《瞭望东方周刊》记者）

54

摘要： 2012年5月10日。云南省昭通市巧家县白鹤滩镇发生一起震惊中外的爆炸案。导致3人死亡，16人受伤。在此之前，巧家县乃至整个昭通地区已经发生多次拆迁纠纷和群体性事件。因为金沙江上一系列大型水电站的快节奏上马，昭通等原本相对落后和闭塞的地区迎来了朝夕之间改天换地的历史机遇。水电工程、库区大量占用土地，产生了数量巨大的移民群体；同时，可预见的经济拉动和发展，带来了新一波土地开发的热潮，也制造出了大量拆迁户。这些人，都面临着生活方式的彻底改变。

这一切动作都来得太快，快到超出正常社会足以负荷的范围。这篇调查报告并未立足于追查爆炸案的案情真相，而是深入地挖掘这类极端事件发生于怎样的社会背景之下，当地人群的基本结构、生存现状、心理状态，并详细阐述金沙江流域大型水电工程的"跃进式"开发对当地带来的冲击和改变。

关键词：巧家　水电　金沙江　白鹤滩　移民　拆迁

爆炸案前夜

62岁的邓国英本来很不情愿去签《征地拆迁补偿协议》，但是2012年5月10日以前不签字的话，"房子一样要拆，划拨的安置地块也没你的份了。"她抱着一岁零两个月的小外孙，红着眼对笔者说。

2012年5月7日开了动员会，8日宣布开始签拆迁协议书，10日是签约的最后一天。按原计划，当月15日就要开始宅基地的拆迁。

云南省巧家县白鹤滩镇迤博村的拆迁没有安置房，每个人都得拿着补偿的钱，自己去划拨的安置地上重新盖房子，而邓国英所在的村民小组6组具体会安置在哪里，还没个具体的说法。这就意味着，她可能也得像前一个拆迁批次——5组的许多人一样，在废墟里或者半山腰的临时安置地搭个简易棚子"过渡"。

5月10日，还只是上午9点，金沙江干热河谷的太阳已经开始烤人。

邓国英背着外孙，陪家人一起在白鹤滩镇花桥社区便民服务中心排队。她家负责签字的是25岁的女婿唐天荣，排在她后面的是她弟媳妇，30岁的冉。

冉玩了一点小心思，说："姐，你看咱都是一家人，你让我先签吧？"

排名在前面先签的，根据县政府的规定，按照一定的比例会有所"奖励"。

邓国英没有计较，就让她走到3个工作人员面前的桌子旁边先签了，女婿唐天荣紧随其后。彼时的邓国英心情沮丧，根本无心计较，迷迷糊糊完全不知道也无法预料，在那一刻之后，她和她的家庭将迎来什么样的命运。

第四次征地

虽然才签协议，早在2011年9月，邓国英就已经成为了实质性的"失地农民"。

那时候，她家的四分耕地上，已经结起了黄豆，眼看着就要成熟。她的大孙子也开学上高一了，大孙子的父亲早亡，母亲多年前已经改嫁，十几年来全靠邓国英种田、给人带小孩赚点钱来养活。大孙子第一学期的学费是1400元，还差300元没凑够，邓国英巴望着地里的黄豆快些熟了，卖了钱给孙子交学费。

2011年9月22日，几百名邓国英口中的"警察"，带着5台挖掘机，一鼓作气把她家的地，连同其他村民的大约几百亩地，全给挖掉了。

这个国家级贫困县，原本僻静的山里小县城，多年来从未出现过如此大阵仗。

相对而言，邓国英比7组的郑永江要幸运一点。

9月23日，挖掘机开到了7组的农地上，冲动的郑永江装了一矿泉水瓶的汽油，泼在自己身上，并且冲进挖掘机的驾驶室，叫嚷着要跟驾驶员同归于尽。

结果，他家的两亩多地没保住，自己也被行政拘留5日，紧接着因"以危险方法危害公共安全罪"被判三缓四，在看守所里呆了近7个月才被取保出来。

根据巧家县公安局的《行政处罚决定书》所述，当日郑永江试图阻止的，是巧家县城区规划征地补偿指挥部的"现场施工"。

"我当然不服，我还要上诉。"郑永江对笔者说，"我从来就没有签过任何协议，我家的地甚至都没有丈量，就直接被挖了，我种的芒果也直接被挖了。"

郑永江告诉笔者，迤博村7组和8组的地，是为了瑞鑫地产公司的白鹤花园房地产项目而征。

实际上，瑞鑫为了这个项目，早就已经进入巧家，几年前就建好了售楼中心，但是地一直没有征下来。

"我们村这里已经是第四次征地了，"郑永江说，"90年代修过境公路（云南303省道），征过一次，因为是公共建设，大家都支持了；第二次是说修客运站，结果征来荒了7年没修，最后建了堂琅鑫苑小区；第三次是说修人民医院，又荒了四五年才动工。"

"这一次，我们都不同意了，我们都知道是商业性的房地产开发，但是政府官员后来却解释说这个征地是为了城市的重新规划，为了白鹤滩水电站的移民安置。"

迤博村的多位村民都向笔者表示，他们不相信"征地是为了移民安置"的说法。那些按捺不住的房地产商，早都已经在各自的"势力范围"架起了广告牌，甚至建起了售楼中心。

更为关键的是，如果征地是和白鹤滩水电站工程的移民安置相关，这个旧城规划和改建的项目就应该由三峡集团公司来埋单，显然不能再让地产商来经营。

被政府征去的地，除了用于白鹤花园等楼盘，其他还有些规划地块可以再买回来，只不过，以6.5万—8.5万/亩价格征出去的地，再买回来就得80多万元一亩。迤博村7组和8组的村民告诉本刊，这是想继续在规划区内经营汽车修理店的村民询问所得的回复。

"开发商就要死了"

"这一轮征地，迤博村涉及7个村民小组，共被征了2200亩土地，其中1600多亩是农田。"迤博村4组的前任生产队长，70岁的邓崇林对笔者说，"7组、8组是为了瑞鑫的白鹤花园，1组、4组是为了江源地产的城市花园小区，还有几个地产公司分了其他几个组的地。"

面对笔者，巧家县国土局数位官员回答不出来巧家县一年究竟有多少征地指标，也说不清楚迤博村到底被征多少亩地，只是否认村民说法的"客观性"，并特别强调巧家县的征地补偿标准已经是全昭通市最高。据称清楚具体情况的分管副局长陈泽荣，婉拒了笔者的采访。

巧家县城乡规划与建设局规划所长杨力宏向笔者表示：迤博村的征地，跟白鹤滩水电站的移民安置没有关系。巧家县委宣传部副部长潘勇亦证实了这一说法。

杨力宏说："全国早就搞得轰轰烈烈，但是实际上巧家成规模的房地产开发才刚刚起步。白鹤花园这些项目，开发商已经来了七八年了，土地征不下来，县委县政府可以说是伤尽了脑筋，为这些征地拆迁的事情。"

"土地本来应该是公有的嘛，应该是人人都有一份，为啥现在掌握在农民手头？并且他这个土地是共产党拿给他的，不是像旧社会那样一点点积累下来的。"杨力宏对征地拆迁政策的宽松度持保留意见。

他认为，城市规划区内的农民，比较起没有土地的城镇居民而言，算是"贵族阶层"，城市里面的人什么都没有，还不是靠自己的劳动来维持生计。失地农民能获得一大笔钱，却为什么得"包抬包埋"，什么都要政府来做，这样岂不是"养懒汉"？总有一些漫天要价"敲诈勒索"的人，他们的工作是不可能做得通的，在这种情况下，政府哪里有那么多钱来处理这些事情？比如在某些地方，修一条路，钉子户就在路中间坚决不搬，政府竟然就没办法把他搬走，那这种情况下，"政府的形象在哪里？"

杨力宏告诉笔者："县委政府被逼得没办法了。再不推进，巧家来的房地产开发商就只有死掉了，城市化进程也没办法推进了。"

城市化"大跃进"

多位巧家的官员向本刊记者表示，他们对白鹤滩水电站充满期望，因为这个国家级的大型工程将前所未有地拉动地方的发展。

巧家地理位置偏僻，交通不便，亦无支柱产业，长期以来以农业为主。如果不是建白鹤滩，难以有更多更好的发展机遇。而现在，不仅公路通畅了，白鹤滩一旦蓄水，巧家就成了一座湖光山色的水岸城市，正好打造"西部三亚"。

按照巧家县2010年制定的总体规划，巧家将打造"湖滨生态旅游城市"。规划区范围是62.2平方公里。原来2平方公里的县城，到规划期末也就是2030年，要达到11.1平方公里，现在5万左右的人口要增加到12.5万。

白鹤滩水电站开建之后，海拔825米以下的淹没区涉及移民人口约5.5万人，其中百分之七八十要安置在县城规划区范围内。

而按照昭通市给巧家下达的"城镇化"任务，在"十二五"期间之内，巧家的城市化水平要由目前的14%达到30%。

在这样的压力下，巧家县一位官员告诉笔者，该县的战略是每年以0.5平方公里（即750亩）的速度推进城市化进程。在他看来，这"大跃进"一样不切合实际。他认为，一个城市要发展，要有基本人口，也要有产业支撑，现在巧家没有什么产业，无非就是等着一个白鹤滩水电站今后带来的一些水产和旅游业。

房地产项目的大举进入，基于这样一个判断——几大水电站淹没区以下的人，偏好到巧家来置业。因为巧家的基础建设、居住环境相对而言更好些。

巧家县本身是一个生存空间有限的山地县城，再发展和扩展，就是不断地往山上开发。

因此，面对几大水电站未来数十万移民，以及城市化进程中的人口增长，生存空间成了竞争性资源。同时，水电移民、城镇拆迁等新矛盾，也成为摆在地方政府面前一个巨大的课题。

2012年3月底，当笔者第一次路经巧家时，白鹤滩水电站的移民实物指标调查刚刚展开。在白鹤滩坝址附近的山坡上，巧家县委宣传部副部长潘勇告诉笔者，在与三峡公司会谈时，地方党委政府提出，"希望企业能最大限度照顾老百姓的利益。"

潘勇说："当地县委政府，这个观点很明确，不能牺牲老百姓利益。我们的口号是要全力以赴支持国家建设，千方百计维护移民的利益，县委政府一直都是这么强调的，并且也一直是这么做的。"

多重世界

当下，不仅迤博村的村民面临着颠覆性的改变，七里村等淹没区的准移民亦闻讯而来，向笔者讲述在过去几年来，他们的土地大量被征或者以租代征的故事。

在如今的巧家县城里，工程车扬起的尘土随时拂面而来，整片整片的荒地和新小区、低矮的土墙老房屋交相杂陈。街头巷尾，各种"枪支、炸药、迷药、手机窃听、办证、K粉、黑车、贷款"的"牛皮癣"广告随处可见。

笔者与一位国土局官员笑谈：国土局的大门口竟然喷着"枪支、炸药"的广告，这位官员嘿嘿笑着说："这算什么，你去看公安局、派出所的墙上都喷着呢！"

在最繁华的303省道上，路的一边有新评级的星级宾馆，另一边是正待拆迁的古早民居。俯临大路，不通水不通电的半山坡上，李登珍的"家"是另一个世界的建筑物。

穿着重叠补丁的上衣，裤子破了一个洞，草鞋连同脚满是灰土，今年74岁的李登珍是迤博村5组的村民。2012年4月22日，她家和同村的六七十户人家一样，摧枯拉朽的，房子被拆掉了。当然，他们都签了"同意"。

此后，她和老伴在半山坡的"临时安置点"搭起了简易棚，四面透光又透风，没有门，甚至连门帘都没有。同村的杨顺芳等人，则就地在被拆掉的废墟上搭了棚子住着，离他们很远。

4月23日晚上，一条流浪的小白狗悄悄来到他们的窝棚里，挨着李登珍和她老伴儿一起睡，大家从此相依为命。春天的荒山上还不算太热，到了5月中下旬，气温逐渐升到40℃左右，晚上蚊子更是黑压压地攻击人。

"头这边，脚那边，点两排蚊香都不顶事。"李登珍对笔者说，"这里大概还能再让住一个月，但是一个月后再去哪儿，还不知道。两爷子才四分地，也赔不了几万块钱，修不起房子嘛。"

"巧家这些年来已经变得不一样。"迤博村的老生产队长邓崇林说，"最好的年代就是农田包产到户以后。那时候，我们打通的山泉还没有变成自来水厂和矿泉水公司，千亩良田都是最好的水田。那都是基本农田。种'算优'稻，亩产大约1300多斤。后来水没有了，变成旱地，种麦子、花生、苞谷、甘蔗、四季豆、红苕，还有各种蔬菜，也是产量很高，因为这里的土质相当好，挖下去七八米才见硬土。"

猛然间，失去了土地或者即将失去土地，农民面临着生活环境的变迁和生活方式的改变，县城的色调在城镇化的进程中变得多彩而具体。

改天换地大变迁

2012年春，笔者从重庆开始，沿着长江上游探访各大水电站。一路上，烟尘滚滚的库岸公路，从川江一直绵延到金沙江上游，大型工程车往来不绝。

川江段：小南海水电站的奠基仪式主席台已经搭建了起来，3月29日，小南海水电站完成了剪彩仪式。重庆市高调报道，三峡公司则相对沉默。

金沙江下游段：向家坝、溪洛渡水电站横截在大江峡谷里的大坝已经基本成型，这两个装机容量共计2026万千瓦的巨型水电站静态投资共937.66亿元人民币。这只是中国长江三峡集团公司在金沙江下游的"一期"项目，随后，已经开始建设营地和展开移民实物指标调查的白鹤滩和乌东德水电站装机容量共计2270万千瓦，主体工程将分别于2013和2014年动工。

这四级水电站装机容量相当于两个三峡，移民将超过20万人。

这还不是全部。

金沙江中游段：观音岩、鲁地拉、龙开口、阿海、梨园几座大型水电站工程也已经横亘在金沙江大峡谷里。他们分别属于大唐、华电、华能等电力集团。

在旧的《长江流域水资源综合规划》中并不存在的金沙、银江两级水电站也进入了议事日程。

如果算上规划中的上虎跳峡（龙盘）水电站，金沙江中下游的这些水库大坝将淹没土地50多万亩，合计超过300多平方公里。

巧家之外

2012年3月24日，笔者驱车经过云南省昭通市地界和向家坝水库的淹没区时，4次被不同村落的农民拦截下来。

水库就要蓄水，可一些移民还在"临时安置"，住在山坡上、土路边临时搭建起来的木棚里，五六户人共用一个简易厕所，垃圾随处倾倒。一些农民不愿签订协议。"到底怎么补偿还没给个准数，叫人怎么搬？"农民们说。

近年来，金沙江的开发速度显著加快，除了三峡集团公司上马的下游四级"相当于两个三峡"的大型电站——乌东德、白鹤滩、向家坝、溪洛渡，其上游，观音岩、鲁地拉、龙开口、金安桥、阿海、梨园等水电站已经花落大唐、华电、华能、汉能等水电巨头。在"积极发展水电"之势下，2011年之后，建设和审批加快。金沙江河谷的居民，开始面对从未经历过的急剧变迁。

昭通市永善县当地的几个负责移民的官员沿路告诉笔者，目前的移民安置标准，还是"临时控制标准"，一些农民不知道最后究竟怎样，政府也不清楚最后能从三峡集团公司获得多少补偿费用。

三峡集团公司的一位官员则向笔者诉苦道：向家坝的移民安置费用已经严重超支，按照预算来说的话，早已经用完。因为"临时安置"多花了十几个亿。预算都是严格按照制度拟定的，并不由三峡公司说了算，而有些地方政府真是"漫天要价"，让他们苦不堪言。

为什么又要"临时安置"呢？因为需要赶工期，"水涨人退"，不得不先把人挪出去。

同样的情况也出现在永善县。云南省昭通市一位官员告诉笔者，涉及县城搬迁的绥江县，2007年才开始做溪洛渡水电站淹没区的实物指标调查，新县城2009年才开始建，2012年5月30日就要启动搬迁，移民工作压力相当大。只能做各种"耐心细致的工作……"

全城搬迁在即，补偿标准依然"临控"，地方政府还不知道三峡公司到底最后拿出多少钱埋单。新县城的建设，三峡公司出了150亿，可目前算下来还不够用。尽管水电站的开发是拉动地方经济的契机，而今后地方能从发电效益中获取多少比例，也还是个未知数。

作为国家级贫困县，他们对自己的未来似乎还有些不托底。

三峡集团公司的一位人士说，这些超支和不确定性，很大程度上源于三峡集团公司金沙江水电开发有限责任公司筹建了近10年，还没有注册成立起来。而工程已经远远走在了前面。

"我们的机遇大，但是挑战更大，困难更大！"昭通一位移民工作干部面带不堪重负的疲惫表情告诉笔者："维稳的压力太大了。"

记者手记

2012年，我到了巧家两次。

第一次是在3月份，在"江河十年行"沿着金沙江一路考察的路上。从3月23日进入昭通市绥江县境内开始，我和同行的专家、记者们就像是一根接力棒，进入一个县区的边境就必定有当地的宣传干部、移民干部候驾，然后全程跟随陪同，一直送到和另一个县交界的地方。我们一过境，就必定有下一个官员小分队守在必经之路上等我们……如此往复。

在当时已经开始移民工作的向家坝水电站库区和溪洛渡水电站库区，我们的车队多次被成群的移民拦截下来。第一次，大家似乎还很有耐心甚至有点如获至宝式的采访，但到后面，记者们都得隐藏自己的采访设备以免被无限期地"拦截"。

而且他们的情绪激动，语气尖锐，一把人拦下来，就不轻易放人走。有人甚至指着我脖子上的相机，措辞严厉地质问："你明明就有相机，为什么说你不是记者？你要是不敢报道，就说明你是假记者！"

移民局的官员也给我讲了许多故事，在他们眼里，移民问题的矛盾是多元化的。有移民之间分配不均的矛盾，有非移民想当移民而当不了的矛盾，有政策滞后工作不好做的矛盾，也有对未来隐患的担忧……我并不怀疑，至少是丝毫不怀疑他们的工作艰难，更理解他们复杂的心情和表情都肯定不是装出来的。这一路上，我更见识了此时此地的社会情绪已经到了一种什么样的地步。

3月25日，当我到达巧家境内时，白鹤滩水电站的移民搬迁还没有正式开始，还在做实物指标调查，水电站也还在图纸上，只是开始做三通一平。我当时的整体感觉，比较绥江和永善而言，这里还相对算好的。县城整体氛围还算和谐，一路上也没有遇到群起激愤的群众。

当日，巧家县县委宣传部的一位副部长告诉我，巧家县充分吸取了溪洛渡和向家坝库区移民工作"措手不及"引发尖锐矛盾的教训，前期工作都开始得很早，比如每家每户的真实情况要提前统计，在制定政策之前要充分调研。"当地县委政府，这个观点很明确，不能牺牲老百姓利益。"他说。

3月26日，我们看完白鹤滩坝址之后，就离开了巧家县，沿着金沙江继续往上游走。我对这个县城并没有留下什么特别强烈的印象。

一直到2012年5月10日。巧家白鹤滩镇拆迁协议的签字台前发生的爆炸案似乎也把我惊醒了。我的第一反应比较简单：这是不是移民纠纷呢？

当晚，我汇报了主管领导之后，第二天就从北京直飞昆明，然后从昆明租了车直奔巧家。调查核实之后，我排除了初步的预设，这件事应该与水电移民没有什么关联。但是，我却又更加深入地了解了这些拆迁纠纷背后的复杂因缘，以及整个巧家县在水电开发带来的"改天换地的大变迁"这样一种巨大的冲击之下，社会矛盾有多么尖锐。

于是，我放弃了做一个刑事案件的个案调查，转而报道这种极端案件发生于怎样的社会背景之下。希望为金沙江边那些因水电站的"跃进式"开发而受苦受难的人民存留一份档案。

环境群体性事件集中爆发

郄建荣

（郄建荣，《法制日报》主任记者，至今从事环境新闻报道近26年。）

66

摘要： 中国现代工业驶入快车道后，恐怕没有哪一年的环境群体性事件的爆发频率能够超过2012年。2012年，宁波镇海PX项目、四川省什邡市宏达钼铜多金属资源深加工综合利用项目以及江苏启东造纸厂排海工程项目均引发了大规模的环境群体性事件。三起严重的环境群体事件最终迫使三个项目停建。三起群体事件让人们反思：阻止污染项目上马必须要通过群体性事件吗？信息不公开、决策不透明、公众环境知情权得到保障等经济发展中的诸多软肋再次凸显。

关键词： 地方上马污染项目　公众环境知情权被忽视　环境信息不公开政府决策不透明

一 因担心钼铜深加工引发环境污染，四川什邡民众市政府前上演群体事件

（一）7月2日群众冲击市委机关大门

2012年7月2日上午，四川省什邡市被阴雨笼罩。6月29日，在此破土动工的什邡钼铜项目留给什邡公众心里的污染阴影远远超过这场阴雨。

这一天，因担心四川省什邡市宏达钼铜多金属资源深加工综合利用项目引发环境污染问题，什邡数千市民打着雨伞、拉着横幅，边走边向什邡市委、市政府聚集，公开反对钼铜项目上马。

政府方面为此出动大批警察拉起警戒线，防止群众冲出市委、市政府。

在聚集过程中，少数市民情绪激动，强行冲破警戒线，进入市委机关，砸毁一楼大厅8扇橱窗玻璃、3个宣传栏、4个宣传展板。此后，经当地党委、政府领导及现场工作人员耐心疏导，多数围观市民相继离开，但仍有少数市民继续聚集拥堵。

7月2日下午13时30分左右，现场围观人群越聚越多，在个别人的怂恿、煽动下，少数市民再次强行冲击市委机关大门，并向正在执行警戒任务的民警和机关工作人员投掷花盆、矿泉水瓶、杂物等，造成现场多名民警受伤，近十辆公务用车不同程度受损，机关大门被推倒、毁损，严重影响了社会稳定和机关正常办公秩序。

14时许，执行警戒任务的特警被迫采取措施驱散过激人群。在此过程中，数名群众受轻伤。对特警驱散行为，四川省什邡市人民政府新闻办公室称，是为防止事态恶化，引起更为严重后果。

7月3日，什邡市公安局发布通告，严禁非法集会、游行、示威。通告说，凡正在通过互联网、手机短信息和其它方式煽动、策划或者组织非法集会、游行、示威者，必须立即停止违法活动，并自行采取措施消除影响。否则，一经查实，将依法处理。

（二）钼铜深加工引发民众污染恐慌

2012年6月29日，什邡钼铜项目举行开工典礼。它也成为引发7月2日群体性事件的直接导火索。

钼铜项目由四川什邡宏达集团投资104亿元，建成后年产钼4万吨、阴极铜40万吨、硫酸180万吨，每年伴生回收黄金10吨、白银500吨。预计年销售收入达500亿元。四川宏达钼铜项目被称是什邡历史上首个百亿级投资项目。

什邡宏达集团投资建设的什邡钼铜项目，从开始酝酿到破土动工历时近一年。

事实上，早在2011年8月底，宏达股份发布公告称，其全资子公司四川宏达钼铜有限公司（以上简称四川宏达）拟在什邡建设钼铜项目。2010年11月18日，四川宏达就已经取得了四川省发改委会不发的《企业投资项目备案通知书》。

2012年2月28日，环保部网站发布《关于2012年2月28日拟作出的建设项目环境影响评价文件批复决定的公示》；3月26日，四川宏达钼铜项目环评报告通过了环保部的审批。

在环保部通过该项目环评报告之前已引发污染担忧。2012年2月21日，"什邡之窗"在网上信访栏目中，即发布了该市信访局"关于对宏达集团钼铜'污染问题'来信的回复"，对于什邡市民质疑四川宏达钼铜项目所产生的"污染问题"，市委市政府拟邀请部分干部代表与村民代表到国内同类行业具有先进生产工艺与技术的生产基地进行参观考察。然而政府的这些做法并没有赢得公众的信任。

由四川宏达钼铜项目引发的群体事件也并非一开始就演变成

"7·2"事件，6月30日上午，十几名市民到什邡市委集中上访，在工作人员劝解释疑后离开；7月1日晚，近百名学生和百余名市民分别聚集在什邡市委门口和宏达广场两地示威，要求停建项目，聚集群众还在横幅标语上签名。然而，这两次小规模的群众事件并未引发有关政府部门的重视，最终引发了7月2日暴发的更大规模的群体性事件。

（三）什邡市政府承诺不再建钼铜项目

"7·2"事件发生的当天，什邡市市长徐光勇即公开表示"什邡市委、市政府将坚决对钼铜项目建设过程进行全程监管。如果环保问题不过关，绝不同意投产。"

同一天，什邡市政府发布通告称，为确保社会大局稳定，经市委、市政府研究，责成企业从即日起停止施工；市委、市政府将组织工作组，派出干部到各镇（街道、开发区）、企事业单位、学校、农村、社区等听取市民意见和建议。

7月3日下午，什邡市委书记在接受记者采访时表示，经市委、市政府研究决定，鉴于部分群众因担心宏达钼铜项目建成后，会影响环境，危及身体健康，反映十分强烈，决定停止该项目建设，什邡今后不再建设这个项目。

二　王子造纸"达标"废水排入大海引发公众群体抗议

（一）数千人游行抗议王子造纸排污入海

2012年7月28日，由于担心日本王子纸业集团准备在当地修建的排污设施会对当时民众生活产生影响，清晨6时左右，数千名启东市民在市政府门前广场及附近道路集结示威，散发《告全市人民书》，并冲进市政府大楼，并从市政府中搜出了许多名贵烟酒等物品，并在警察到来之前将这些物证陈列在政府办公楼前。

武警当天上午9时许抵达现场，开始维持现场秩序，当时并未采取以往群体性事件中发生的强制驱散等强制性措施。但在民众示威过程中，出现了民众掀翻汽车、捣毁市政府办公电脑等暴力行为。

在冲突过程中，启东市市委书记孙建华被游行民众扒光上衣，市长徐峰被强行套上抵制王子造纸的宣传衣，但启东市领导并未下令警方采取进一步强制措施。

中午过后，警方开始抓捕一些过激分子，在此过程中，有少量民众受伤。

7月28日下午，冲进政府大院的上千民众全员撤出，之后当地警方封锁周边道路，抗议活动基本平息。

据新华社记者在现场目测，参加游行群众有数千人。

（二）南通市政府当天决定取消王子造纸项目

启东数千民众大游行给当地政府带来强大压力。7月28日上午，南通市启东市委常委、宣传部长赵男男宣布，经南通市政府研究决定，取消拟在启东建设的日本王子纸业排污入海工程。参与游行的数千抗议民众部分开始撤离。

28日上午12点左右，江苏省南通市人民政府新闻发言人授权发布，南通市人民政府决定，永远取消有关王子制纸排海工程项目。

（三）王子造纸项目为何引发公众强烈抗议

2010年3月，中国纸网编辑部收到一位自称是启东人发来的邮件。邮件称，日本王子造纸与南通开发区政府合资建设的南通王子纸浆一体化工程项目正在进行，并开工建设了"南通市达标尾水排海工程"，该工程设计规模日排放污废水达到15万吨，排污口设置在启东境内的黄海大湾泓水域。

当地百姓为抵制将来可能造成的污染在互联网各大论坛广泛发帖并专门建立QQ群进行呼吁，并称将开展抵制污染、保护家园，抗议南通王子排污启东的签名和游行活动。

此期间，有关南通政府为了解决王子制纸集团（南通）有限公司日产15万吨废水排放问题，已制订并开工建设了"南通市达标尾水排海工程"的消息也在坊间传播。

传闻者称，该工程耗资12.5亿人民币，管道全长为110公里。若以每秒两米的速度排出污水，一天的废水排放量将达到35万吨以上。

这样的项目引发了启东百姓的强烈质疑。公众称，据2008年江苏海域污染分布图显示启东周边海域和长江北岸均为严重污染，劣于国家海水水质标准中四类海水水质。启东公众认为，海域周边的污染已经是如此严重，如再加上日15万吨污水的排放量，已经超过了海域承受能力。

而且，启东是肝癌高发区，启东癌症登记处1972年1月1日至2001年12月31日全部恶性肿瘤发病登记报告，30年间登记并核实诊断的恶性肿瘤病例共58937例，2001年1月1日至2005年12月31日期间恶性肿瘤登记资料进行分析新发恶性肿瘤14215例。肝癌一直是启东排名第1位恶性肿瘤。

此后，反对建设启东王子造纸排污入海项目的呼声不停地发酵，《日本"王子制纸"将排污启东》的帖子在网上广为转发。

市民百姓担心，每天15万吨的剧毒污水排放到启东沿海海域后，将破坏启东沿海海域的水资源，沿陆域铺设的大口径排污管，将到处都是渗漏点，土壤和地下水也将难免被污染。

启东公众的担心并未得到有效化解，两年多后终于酿成了大规模的群体事件。

三　宁波PX项目引发数百村民集体上访

（一）200余名村民到镇海区政府集体上访

为反对中石化投资建设的宁波镇海PX项目上马，从2012年10月初开始，宁波镇海湾塘部分村民陆续信访，2012年10月22日，镇海湾塘等村近200名村民，以PX项目距离村庄太近为由，到镇海区政府集体上访，并围堵了城区一交通路口，造成群体性事件。

村民们打着"我们要生活，我们要活命"等大幅横幅，在镇海区政府前示威。集体上访村民采取静坐、拉横幅、散发传单、堵路、阻断交通等方式，并随后演变成聚众冲击国家机关、故意毁坏财物、非法拦截机动车等严重影响社会正常秩序的行为。当地政府出动了防暴警察维持秩序。

群众的抗议行为一直持续，到10月26日晚上11点左右，公安机关采取措施驱散了聚集人员，并当场扣留51人，其中13人已被依法采取刑事强制措施。

（二）宁波市政府承诺坚决不上PX项目

集体上访事件发生后两天，10月24日凌晨，镇海区人民政府办公室网络发言人发布《关于镇海炼化一体化项目有关情况的说明》。说明称，镇海炼化年产1500万吨炼油、120万吨乙烯扩建工程（简称炼化一体化项目），主要由炼油工程、乙烯工程和公用辅助设施三部分组成。项目总投资估算约558.73亿元，选址位于宁波石化经济技术开发区内，占地面积约422公顷，其中，环保总投入约36亿元。炼化一体化项目是由国家化工产业振兴计划所确立的国家生产力布局重点战略项目。

目前，镇海炼化一体化项目还处在前期阶段，下一步将进行环境影响评价、能源评审等相关报批程序，环评阶段项目的相关信息将公示公告，充分听取与吸纳网民和广大群众对项目建设的意见建议。

10月24日说明的公开发布并未完全化解公众对该炼化一体化项目环境安全性的担忧，公众对官方回应中没有"对PX污染作出解释"表示不满。

针对当地群众的连续抗议，10月27日，宁波市委、市政府召开全市领导干部会议，就广泛征求民众对镇海炼化扩建一体化项目的意见，共同维护社会稳定作出进一步部署。当晚，宁波市委书记王辉忠与市长刘奇还分别主持召开座谈会，就镇海炼化扩建一体化项目面对面听取民众意见。

10月28日，宁波市政府表态：坚决不上PX项目；炼化一体化项目前期工作停止推进，再作科学论证。

（三）民众听到炼化一体化项目就恐惧

按照浙江省宁波市镇海区人民政府关于镇海炼化一体化项目有关情况的说明，镇海炼化一体化项目按照环保部和省、市、区环保部门的要求，执行最严格的排放标准，采用先进的清洁生产工艺和技术，对工艺产品方案和主体装置组成进行优化。

同时，针对村民的愿望和诉求，镇海区政府已多次与村民沟通，并决定调整"2016"工程，在生态带内保留改造20个村民集居点，在城市规划建设用地及备用地上建设16个集中居住区。为"2016"工程，镇海区已累计投入资金64亿元，先后启动13个集中居住区和10个村民集居点，安置农户9800多户。

无论政府如何承诺，民众对于PX项目的恐惧心理始终无法打消。政府与公众在是否上马PX项目上始终无法达成共识，公众与政府各说各话的最终结果是，公众不惜任何代价也要阻止项目上马，面对强大的群体事件，政府不得不让步。

（四）PX项目为何缝上必遇阻

近年来，全国多个城市都发生了抵制PX项目上马的群体事件。

2007年12月，厦门PX事件震惊全国。2006年厦门市引进总投资达108亿元人民币的对二甲苯化工项目，这个号称厦门"有史以来最大工业项目"计划建在人口稠密的海沧区。2007年3月，由全国政协委员、中国科学院院士、厦门大学教授赵玉芬发起，有105名全国政协委员联合签名的"关于厦门海沧区PX项目迁址建议的提案"在两会期间公布，提案认为PX项目离居区太近，如果发生泄漏或爆炸，厦门百万人口将面临危险。

但遗憾的是国家相关部门和厦门市政府没有采纳他们的建议，而且加快了PX项目的建设速度。

无奈，厦门市民"集体散步"，抗议PX项目建在厦门。在厦门市民的抗议下，项目"顺从民意"，搬迁到了漳州市漳浦县的古雷半岛。

2011年8月8日，受台风"梅花"影响，大连金州开发区福佳大化PX工厂500米—600米的堤坝中的两段发生溃堤风险。事发后，溃堤风险得到了有效控制，且未发现有毒气体泄漏，当地居民以"散步"形式表示抗议。8月14日，大连市做出决定，让福佳大化PX项目立即停产，并尽快搬迁。

此外，2008年，浙江台州的PX项目和2011常州出现的"PX项目上马传闻"都曾引起很多人的反对。

四　环境群体事件频发的真实原因

按照专家的说法，包括PX项目在内，一些可能产生污染的项目并非洪水猛兽，但是，这些项目一旦要上马会立刻引起人们的恐慌，并最终千方百计阻止，甚至不惜采用群体上访、违法游行的方式进行抗议。

这种誓死抗争的背后，直接暴露的是政府信息不公开，项目审批决策不透明等种种制度和体制问题。在经济发展过程中，一些地方政府往往主要关心的是如何增加当地经济总量，因此，对企业环保要求包括项目环评、环境监管等放低标准，就一些污染项目给人民生活以及心理的影响缺乏足够预计，对一些涉及生态威胁的项目提前许诺，甚至"帮助"企业在审批时过关。这种招商方式，这种审批模式换来的是公众用脚投票。

从四川什邡钼铜事件到启东王子造纸事件再到宁波镇海PX事件，甚至追溯过往发生的环境群体事件无不存在这方面的原因。

地方上要上一个项目特别是可能产生环境污染的项目，政府在招商特别是项目审批过程中，往往将项目的环保治理措施过分放大，环评报告上对环境影响的评估以及对环境污染损害的预防等等都描述得天衣无缝。然而，无数的事实证明，一旦这样的项目运行后，环境污染问题就会立刻暴露出来。对此，公众要么忍受污染，要么无休止地告状、上访。但事实证明，污染企业、项目建成后，再去制止它的污染问题可谓是难上加难。正是经历过无数次这样的教训，公众就明白一个道理，只要上的这个项目涉及污染，就得拼命阻止，甚至不惜违犯法律。四川什邡钼铜事件、启东王子造纸事件以及宁波镇海PX事件都有这样的教训，三起群体事件，几乎都有抗议者因违犯法律被刑事拘留等。

此外，公众对于政府部门的不信任也是一个重要方面。在公众看来，一些地方政府怕得罪利税大户，确实存在着不愿意公开信息的问题。这些地方政府之所以选择不公开包括环评等信息，其中一个重要原因就是怕过不了公众这一关。

目前，环境监管也是一个大问题，一些地方环保机构的环境监管人员与污染企业沆瀣一气，对企业的污染行为视而不见，甚至放纵、包庇；帮助违法企业弄虚作假。如果出现了污染问题，群众很难得到环保部门的帮助，相反环保部门会千方百计地为污染企业开脱。这些使公众对政府部门的承诺、对环评报告的要求产生严重的不信任。

由于现实中这些问题的存在，公众只能采取群体事件的方式进行维权和抗争，从这种意义上讲，环境群体事件是公众无奈的选择。

五　该从环境群体事件中吸取怎样的教训

2012年发生的三起环境群体事件祸起环境影响评价机制不够公开，政府信任危机难以化解等等，进而导致公众担心污染，担心生存环境受到影响的顾虑不能打消。

事实上，近年来，环境群体事件一直处于高发态势。环保部原核安全总工杨朝飞曾公开透露，自1996年来以来，环境群体性事件一直保持年均29%的增速，同时，重特大环境事件高发频发，2005年以来，环保部直接接报处置的事件共927起，重特大事件72起，其中2011年重大事件比上年同期增长120%，特别是重金属和危险化学品突发环境事件呈高发态势。

因此，如果环境审批机构不进行彻底改进，相关信息公开仍然推动，那么，环境群体事件肯定无法从根本上得到遏制。

公众作为一个地方的主人，应该享受对城市发展以及环境信息的知情权。大型项目的上马不仅需要当地政府的支持，同时也需要民众的理解。一套科学合理环境影响评价的程序，首先应该是开发者委托专门机构进行环境调查和综合预测，提出环境影响报告书。开发者公布报告书听取当地公众的意见。如果公众意见不能达成一致就要召开听证会，对那么不符合民意、又无法保障公众身心健康的污染项目，应该坚决执行一票否决，只有在公众意见与开发者达成一致之后，所需要上的项目才能进入最后审批。

三起群体事件发生后，当地政府表示称，如大多数群众不理解、不支持项目建设就不开工。地方政府这样的表态固然值得肯定，但是，如果这样的做法前移到工程论证阶段可能就不会引发群体事件。

从三起环境群体事件中，地方政府应该意识到，不符合民意的项目即使能给地方政府带来巨大的经济效益，但最终它也成为一颗定时炸弹，也会为日后的环境监管理下地雷。因此，地方政府应该深刻吸取每一起环境群体事件的深刻教训，绝不能再上拍脑袋工程，更不能强逆民意"冒险施工"，让民意真正参与到政府决策中，决策项目时给公众充分的话语权，只有这样才有可能最大限度地减少环境群体事件的发生。

记者手记

近年来，环境群体事件的持续高发带来了一系列的社会问题，在社会上甚至形成了一种认识：非群体事件不能解决环境问题，环境群体事件俨然成了解决环境污染问题的一条最有效的途径。事实上，并非如此，每一次群体事件背后都有惨痛的教训：一些抗议人员因情绪失控违犯法律进而被刑事拘留甚至判刑，政府动用大批警力甚至特警驱赶抗议人员……某种意义上，无论是公众还是政府都没有赢家。

环境群体事件之所以持续高发，就是因为它确实有效，确实能阻止污染项目的上马。但是，如果把阻止污染项目上马完全寄托于群体事件，这不仅不值得提倡，还应该极力防止。通过这三起环境群体事件的采写，笔者认为，如果要将环境群体事件控制在最小范围，更多的是需要政府做出积极的努力。否则，环境群体事件仍然会持续高发。

名词解释

PX项目： PX是对二甲苯的英文名称para-xylene或paraxylene的缩写，是一种化工原料。专家介绍，根据《全球化学品统一分类和标签制度》和《危险化学品名录》，PX属于危险化学品，但它是易燃低毒类危险化学品，与汽油属于同一等级。

PX主要用于生产塑料、聚酯纤维和薄膜，广泛用于有机溶剂和合成医药、涂料、树脂、染料、炸药和农药等。目前对其毒性，国际上存在争议。一方观点认为，PX有毒，是一种危险化学品，对胎儿有极高致畸形率，其蒸气与空气能形成爆炸性混合物。另一方认为，PX属低毒物质，缺乏对人体致癌性证据的物质。

据专家介绍，PX以及其异构体OX和MX本身都是低毒化学品，都不属于致癌物。但PX生产过程中产生的苯、硫化氢具有高毒性和致癌性，是重要的大气污染物。其中，苯在生产工艺中被循环利用，产生的硫化氢废气经过脱硫、无害化处理后排放。

根据实测研究，世界各国PX项目在正常生产运行的工况下，对所在城市空气污染的影响非常小，不会对市民的健康有任何影响。专家介绍，迄今为止，世界各国的PX装置均未发生过造成重大环境影响的安全事故。我国PX项目引进世界先进技术，成熟安全可靠，其风险是可知、可控、可防的。

环境影响评价制度： 环境影响评价制度是指在进行建设活动之前，对建设项目的选址、设计和建成投产使用后可能对周围环境产生的不良影响进行调查、预测和评定，提出防治措施，并按照法定程序进行报批的法律制度。

环境影响评价制度，是实现经济建设、城乡建设和环境建设同步发展的主要法律手段。建设项目不但要进行经济评价，而且要进行环境影响评价，科学地分析开发建设活动可能产生的环境问题，并提出防治措施。通过环境影响评价，可以为建设项目合理选址提供依据，防止由于布局不合理给环境带来难以消除的损害；通过环境影响评价，可以调查清楚周围环境的现状，预测建设项目对环境影响的范围、程度和趋势，提出有针对性的环境保护措施；环境影响评价还可以为建设项目的环境管理提供科学依据。

大事记

2012年宁波镇海PX事件

10月初，镇海区的居民陆续到区政府上访，区政府未解决问题。

10月22日，湾塘等村的200多个村民集体到区政府上访，区政府不同意集体接见，以分批次不同形式接见村民，并且宣称该项目环保达标，面对区政府的渎职行为，部分村民以围堵城区交通路口进行抗议，后经过区政府劝导离开。

10月26日，镇海区群众聚集在公路上游行示威，群众高举标语"我们要生存、我们要活命"、"尔俸尔禄、民脂民膏、下民易虐、上天难欺"，在市府门口许多人高喊："刘奇下台！保护宁波！"警察、防暴队使用催泪瓦斯驱散群众，群众以石头、砖块还击，场面一度失控，镇海区群众被当局驱离。

10月26日晚间，警察用警棍驱散示威者和路人。

10月28日，镇海区公民游行示威，遭到警察、特警驱散，由于《宁波日报》发文指出公民游行示威破坏稳定发展大局，当游行示威群众经过宁波日报大厦时，竖起中指，高喊"无耻"、"垃圾"等口号。

10月28日，宁波市政府表态：坚决不上PX项目；炼化一体化项目前期工作停止推进，再作科学论证。

10月29日，宁波市官方召开记者会，宣布51人遭到扣留，13

人被依法采取刑事强制措施。同时，宁波市委、市政府召开领导干部会议，称公民聚集影响社会稳定，干部需到基层去维稳。

2012年四川什邡钼铜事件

6月29日上午，四川省特色优势产业重大项目宏达钼铜项目在德阳什邡市经济开发区破土动工。该项目由四川什邡宏达集团投资104亿元，建成后年产钼4万吨、阴极铜40万吨、硫酸180万吨，每年伴生回收黄金10吨、白银500吨。预计年销售收入达500亿元。

6月30日，有少数民众在什邡市政府前聚集。

7月1日，在什邡市的亭江东路，亭江西路，小花园街，竹园北路等什邡市中心地带，有大量群众聚集。有不少民众手持条幅，高呼口号，表达对钼铜项目的不满。随后，政府方面派出警察和武警官兵维稳，并引发了警民冲突。据上载至互联网的视频显示，警方向聚集的群众发射震撼弹和催泪弹，导致个别人员受伤。

7月3日，什邡官方表示将停止建设钼铜项目。同日，什邡市公安局发布《关于严禁非法集会、游行、示威活动的通告》。

7月4日，什邡官方称，事件已经平息，政府逮捕了涉事人员27人，网络消息称被捕人员包括一些学生。不少群众仍不肯撤离，并高呼"放人"等口号。

7月5日，事件已平息，店铺开始正常营业。

2012年江苏启东反对排污项目事件

7月28日，由于担心日本王子纸业集团准备在当地修建的排污设施会对当时民众生活产生影响，数万名启东市民于清晨在市政府门前广场及附近道路集结示威，散发《告全市人民书》，并冲进市政府大楼。

当天上午，江苏省南通市人民政府新闻发言人授权发布，南通市人民政府决定，永远取消有关王子制纸排海工程项目。

东方白鹳毒杀事件调查

易方兴

（《新京报》社会新闻部调查记者。2012年11月开始，追踪报道天津东方白鹳事件，并在后续调查中，对湿地破坏及候鸟生存现状的问题有较深入的分析。）

摘要： 2012年11月，在天津北大港湿地自然保护区，迁徙中栖息于此的东方白鹳遭遇投毒。数天来，志愿者们跋涉湿地，救出13只，但更多的东方白鹳痛苦死去。如果不是志愿者们打捞起20具东方白鹳的尸体，它们最终将以每只200多元的价格售给餐馆，成为盘中餐。笔者调查得知，保护区周边，投毒者、餐馆老板、食客、售卖农药的销售商，成为害死东方白鹳等珍禽直接或间接的凶手。

国际自然保护联盟（IUCN）今年的一份报告显示，过去10年间，东方白鹳迁徙的"咽喉要道"——渤海湾沿线的关键区域的滨海湿地消失了59%，未来还将有更多的湿地消失。然而，在中国，目前仍没有一部全国统一的保护湿地的法律，这使得候鸟栖息地保护成为纸上谈兵。

美丽大鸟的陆续死亡

2012年11月11日。

冬日的风中，数十只美丽的白色大鸟，一动不动地站在天津北大港湿地自然保护区的水域中，像一群木偶。它们修长的尖嘴里，缓缓流出黏液，眼神呆滞。

由于吃下被农药"克百威"浸泡过的小鱼，它们中毒了。中毒后，它们的肌肉不受控制地急促痉挛，呼吸艰难。这痛苦的过程，一直要持续到死去。

可这些大鸟仍想飞翔。护鸟志愿者莫训强看到，它们扑扇着近两米的黑白羽翼，挣扎着，却几次栽倒在冬日的湿地里。

它们是东方白鹳，国家一级重点保护动物。

"我们救出13只，但还有26只没有救出，晚上天黑，我们只能中止救援，现在，我们希望救出剩下的鸟。"当天早上5点，护鸟志愿者赵亮说。天未亮，这13名志愿者已携带皮裤衩、冲锋舟等设备，再次赶到天津北大港湿地自然保护区中的"万亩鱼塘"水域，搜救东方白鹳。

此时，一半是水、一半是泥的湿地已经结冰，冲锋舟无法深入。志愿者们踩在深及小腿的稀泥中，在一万亩的水域里搜索东方白鹳。

然而，这13只获救东方白鹳，成为了最后的幸免于难者。随后的几天时间里，志愿者们不断打捞起鸟儿们的尸体，包括20只东方白鹳，以及数百只其他种类的候鸟。

护鸟志愿者、南开大学环境科学与工程学院博士生莫训强说，近几年，东方白鹳等候鸟，每年都在北大港湿地停留半个月左右，"这次我们观测到约500只左右的东方白鹳，可我没有想到，在这栖息的半个月，竟然有不法分子在打这些鸟儿的主意。"

职业杀手随鸟迁徙一路投毒

天津北大港水库西侧的芦苇田里，靠养鱼、养蟹为生的渔民石学友，经常见水库旁的路边有很多玉米粒，最近一次看见有人抛撒玉米粒，是在半个月前。

"11月初，我看见泥土路上被撒了很多玉米粒，我就知道是毒鸟的，沿着玉米粒一路走，果然捡到两只药死的山鸡。"石学友说，他把这两只"免费"山鸡炖了吃了。

最开始，石学友不知道这些人抛撒的玉米粒毒性有多大，"我找一个毒鸟的人，要了点他的药，拿来几条鱼一泡，我的小猫凑上来吃，猫吃完鱼，没走出五步就死了。"

林龙（化名）是天津大港人，他和几个朋友，靠擒鸟为生几十年。

"以前拿猎枪打，后来天津猎枪管得严，现在改用农药毒（杀），结果发现农药比枪管用多了。"林龙说。

"药着了吗？"这成为大港地区的毒鸟者们近年来的见面语。

他们把鸟爱吃的食物同农药浸泡，再投撒于鸟类的栖息地，鸟类进食死亡后，投毒者捡走鸟尸，贩卖。

"药不同的鸟，得用不同的诱饵。"林龙说，像野鸡这样喜欢在林中出没的鸟类，多用农药浸泡玉米粒6到7小时，抛撒在林中小路边。

水鸟分为食素和食荤两种。"如果想药天鹅、大雁、野鸭，可以用玉米粒或谷粒当毒饵；尖嘴的水鸟，比如鹳类、鸥类，我们就用泡过药的小鱼虾，或者干脆撒毒沙。"林龙说。

在林龙的印象中，光是在北大港湿地自然保护区，经常出没的投毒者就超过50人。

林龙介绍，毒鸟者有一半是天津本地人，但他们的猎杀，仅局限在居住地附近。

"还有更专业的猎鸟者。"林龙说，他们大多是外地人，沿着候鸟迁徙的路线一路投毒，什么季节，鸟在哪儿落脚，是什么种群，他们了如指掌。

鱼还在鸟嘴，毒性就发作

2012年11月12日下午，北大港湿地自然保护区中的"万亩鱼塘"水域，水深多不超过1米，上有泥地、芦苇地。

"这就是被称为'地球之肾'的湿地，很多珍稀飞禽的迁徙离不开湿地，因此也被称为鸟类的乐园。"莫训强说。

在湿地的浅水水域，可见多个人工痕迹明显的水坑，这些水坑直径约1米，四周用土堆起，与周边水域隔绝，用芦苇秆掩盖在四周。

12日，莫训强在这种坑中捞起一个带有"克百威"字样的农药袋。

此前几天，护鸟志愿者陆续打捞起20具东方白鹳尸体，天津警方取走部分内脏做化验。对于水坑中的水样，警方也取样送检。

2012年11月16日，天津警方初步检验结果显示，东方白鹳死于农药中毒。

"克百威是这两年药鸟圈兴起的新农药，毒性很高，水鸟吃了中毒的小鱼，往往鱼还在嘴里，毒性就发作了。我们傍晚撒毒饵，第二天就扛麻袋去捡鸟。"林龙说。

"克百威又称呋喃丹，是一种氨基甲酸酯类的高毒农药，尤其对鱼、鸟毒性较大。"北京农学院研究昆虫毒理与害虫综合防治的副教授王进忠说。

"克百威是一种广谱杀虫剂，对很多种害虫都有杀灭效果。它能被植物根部吸收，输送到地上植物各器官而杀死害虫，在土壤中的半衰期为30天至60天，残留时间非常长。"王进忠说。国家已明令禁止给蔬菜、果树、茶叶喷洒这种农药，此药对人的毒性也较强。数十年前，曾有农民喷洒此农药，皮肤大量接触，农药由皮肤渗入体内，施药农民不治身亡。

卖药销售信息夹带毒鸟方法

在湿地中，志愿者们随后又发现数十个克百威的农药袋和药瓶。

"这种药都是有渠道从外地运来的，十几块钱一包（或一瓶）。"毒鸟者林龙说。

王进忠副教授介绍，高毒农药克百威，对部分农作物来说是严格禁用的。"北京、天津等大城市的市面上很难买到。"

笔者采访发现，很多网站都在出售农药克百威（又称呋喃丹）。搜索"呋喃丹"，可见数十条克百威农药的出售信息，售价从几元到几十元不等。

笔者随机进入3家卖药商家的页面，销售信息中都夹带了毒杀鸟类的用药方法。仅有1个商家注明"禁止用来毒杀野生动物"，但该店所用的宣传图，却是一张满是各种珍禽头像的图片。

广州市越秀区的经营商朱先生说，当月，他已卖出30多袋半斤装的农药，"这些人绝大部分都是买去毒用，前天，有个人一次买走了十多袋。"

对于毒性，朱先生表示"绝对放心"。"混好药后，鸟只要吃了一粒粮食，30秒内就不能动了，两分钟之后保证死。"

"如果想药水鸟，你可以买另一种液体的克百威，直接把药喷在水面上，或者拌上沙子洒在水里，鸟吃了被毒死的鱼，就能被药死了。"朱先生说。

莫训强分析，照此估算，半斤药能够拌10斤大米，10斤大米有20多万粒米粒，假设一只鸟吃了5粒毒米就能致死，照此合理推算，这半斤药拌出的20多万粒米，就能毒死4万多只鸟。

"毒死4万多只鸟什么概念？意味着经过天津的将近1/3到1/2的鸟都得死掉。"莫训强说。

"东方白鹳进餐馆一只200多元"

2012年11月15日，蓝天救援队带船从北京驰援，对北大港"万亩鱼塘"水域全面搜寻，新发现60具鸟类尸体，其中包括一只东方白鹳和一只大天鹅。

"毒死的鸟，我们自己肯定不吃，都是卖到当地餐馆里。"林龙说。

被毒死的东方白鹳，被投毒者卖到餐馆的价格，并不与它们的稀有程度成正比。它们与苍鹭（天津市重点保护野生动物）等尖嘴长腿鸟类似，值200多元。

毒鸟者林龙说，野生鸟类在当地大多按只论价，从几元钱到上千元不等。国人常说"癞蛤蟆想吃天鹅肉"，所以天鹅（国家二级保护动物）肉卖价最高，每只能卖1000多；其次是大雁（天津市重点保护野生动物）肉，能卖400元上下；野鸭（天津市重点保护野生动物）一类通常几十元钱；那些跟麻雀差不多大的鸟，几块钱一只。

在林龙看来，这生意的成本可以忽略不计。"一瓶药才十几块钱，够泡好几盆鱼的；那种拌粮食的药，半斤也才70元钱，能泡10斤粮食，运气好的话，药到一只白天鹅，就赚大了。"

在德国，很多人尊称白鹳为"白衣骑士"。但在捕鸟者和餐馆老板口中，东方白鹳与苍鹭一同被称呼为"长脖老等"。因为这种鸟有着长脖子，捕鱼时站立不动，等在水中。

15日、16日，根据大港当地多名市民提供的线索，笔者走访多家以前出售野味的餐厅。

千米桥南侧，一家餐厅的招牌上标着：出售野鸭、野兔等野味，但该餐厅大门紧锁。

在甜水井村，当地村民称，村周边此前至少有3家餐馆出售野味。"东方白鹳被毒死"的事件很轰动，最近当地对野味的出售贩卖查得非常严，很多餐馆现在都不敢卖了。

在北大港水库的西侧水闸边，可见3家规模数百平方米的酒店。当地村民说，此前这些酒店的野味生意非常好。

进入一家招牌上画着野鸭的饭店里，服务员主动说，"店内没有野味。"

更奇怪的是，这家约500平方米的餐厅里，服务员却说，餐厅没有菜单。"有蔬菜，可以选几个蔬菜炒着吃，此外只能做一些鱼。"

秋冬季节食鸟客最多

"没有熟人介绍，风声又这么紧，你不可能吃到野味，他们（野味餐馆）都不敢卖了。"张华说。

张华在天津大港区做了3年生意，是一位喜好吃野味的食客，多次吃过"长脖老等"。那时他不知道，这"长脖老等"就可能是在地球上濒临灭绝的东方白鹳。

"端上桌时，也分辨不出来是什么鸟，是店里早就酱好了的，完整的一只，尖尖的嘴，长长的腿，放在洗脚盆大小的盘子里。"张华张开双臂比划着。

张华记得一个细节，一次，他和朋友吃完了"长脖老等"的肉，拎起盘中鸟骨，让骨头在盘子中"站起"。"光骨架就一米多高。"

张华说，这些餐厅多分布在水库边的村子里，秋冬季节候鸟最多，吃野味的食客也最多。"因为比较贵，来的都是想尝鲜的老板，我也有北京的朋友专门过来吃。"

2012年7月，张华去了趟德国，他看到当地人的房顶上就是白鹳们搭的巢，农田里，鸟类追逐着大型收割机嬉戏，"看到这些，想到之前我吃过的鸟，心里不是滋味。"

回国后，张华下定决心，再也不吃野味了。

国际爱护动物基金会（IFAW）北京猛禽救助中心的猛禽康复师张率表示，人一旦食用被"克百威"毒死的鸟类，会产生类似酒精中毒的症状，但由于很多人吃鸟肉时还喝酒，所以难以察觉。"如果大量食用，人也会受到威胁，即使吃得不多，也会加重肝脏的负担，造成永久性肝损伤。"

监管缺人、缺钱、缺物

2012年11月11日，发现东方白鹳死亡的志愿者们报警后，一名民警到场后显得很惊讶，"这些年，我头一次知道这片荒地里还有东方白鹳。"

这片湿地的监管者，也有自己的难处。

张文续，大港城乡一体化办公室林业科科长。他说，科里只有4个人，要巡护60多万亩水域。"开车巡护绕一圈就要一整天，巡护车还是一辆轿车，在泥路上很难开。"

救援初期，志愿者们找到张文续，希望能有一辆能在湿地上开的滩涂机。"那是我第一次听说滩涂机这个东西。而且我们也没有船，没有夜视望远镜。缺人、缺钱、缺物"。

当地有人承包了这"万亩鱼塘"，渔民周女士说，她受雇在

"万亩鱼塘"养了3年鱼，"老板专门雇了人巡视鱼塘，看见陌生人投掷，也会制止他们进入鱼塘。"

但鱼塘老板雇用的巡视员吴先生说，"鱼塘太大，我们不可能24小时巡视，夜里走路不方便。下雨时就更没法巡逻了。"

张文续感叹，如果这片湿地是国家级自然保护区，那么无论是重视程度，还是经费投入，都能被更好地保护起来。同时，他还希望能在这里设一个保护站，"不知能不能呼吁民间募捐一下，盖好保护站，我们可以雇人在候鸟来时定点值守。至于经费如何花，花到哪，我们完全可以接受志愿者的监督。"

这些想法与护鸟志愿者们不谋而合。动物保护志愿者刘慧莉说，他们正在起草一封公开信，希望呼吁把天津北大港湿地自然保护区，由市级升级为国家级湿地保护区。

15日晚，志愿者与大港管委会开的一个内部协调会上，有关负责人表示，将联合工商、卫生等部门，严禁周边餐馆收购、食用野生鸟类，开展护鸟行动。

从16日开始，大港林业行政执法部门在多个路口竖立了护鸟警示牌，并张贴了宣传标语。刘慧莉表示，经过沟通，"当地农林局正在考虑制定野生动物救援应急预案，并计划在明年建立瞭望塔，全面监控湿地人员活动，坚决禁止盗猎。"

获救东方白鹳戴上环志标记

同时，护鸟志愿者们撰写的一份《亟待解决北大港湿地保护问题调查》也呼吁："尽快建设几个永久瞭望塔，监察万亩鱼塘，也为志愿者提供永久的观测平台。

2012年11月17日下午，在天津市野生动物救护驯养繁殖中心，工作人员刘洋很开心，被打捞上来的13只奄奄一息的东方白鹳，都能自主进食了。

判断东方白鹳是否完全康复，除了进食量，还可以看它的脖子是否直立，羽毛是否有光泽，粪便是否成型。

康复中的东方白鹳显然有了精神，个个竖直了脖颈，有的还会张开双翅，阳光下，黑白色的羽毛再现光泽。

"如果不出意外，这13只东方白鹳能组成一个迁徙的小队，即使脱离大部队，它们也能并肩飞往南方。"刘洋说。

刘洋表示，放飞的13只东方白鹳，全部会戴上环志标记。从中选出最强壮的两只，将戴上卫星信号发射器，做跟踪观察。

这是一个物种走向灭绝的征兆

除被毒杀、捕猎外，东方白鹳们还面临着另外一个严峻的问题：栖息地消失。

渤海湾，是东亚——澳大利亚候鸟迁徙路线的"咽喉地带"。国际自然保护联盟（IUCN）今年的一份报告显示，过去10年间，渤海湾沿线的关键区域的滨海湿地消失了59%，情况将持续恶化。

相对于人类捕猎而言，鸟类专家们调查发现，栖息地丧失，才是导致候鸟死亡的"头号杀手"。在2012年11月11日的时候，莫训强在北大港湿地保护区的"万亩鱼塘"水域，观测到多达500只东方白鹳一起觅食栖息。

不仅如此，北大港湿地的"万亩鱼塘"水域，护鸟志愿者还观测到，大天鹅、豆雁、野鸭及多种鸥类也栖息于此，成千上万。

"东方白鹳全球仅存约2500只，一次性观察到如此大规模群体，绝非好事。"国际鹤类基金会鸟类专家苏立英说。

研究资料表明，上世纪80年代，东方白鹳在秋季集群期间，既有3只至5只、10只至20只不等的小群，也有120只至160只不等的大群。

"但约500只的'集团军'并不常见，这说明另外的栖息地状况堪忧，它们无处可去，只能挤在北大港湿地。"苏立英说。

"这是一个物种走向灭绝的征兆。"苏立英解释，分散的群落有利于族群延续，如果迫于环境破坏挤在一处，一旦遭受瘟疫、捕猎、毒杀，将导致大规模死亡。

苏立英担心的事发生了。

11月11日之后的一周，因鱼塘内被人投毒，东方白鹳聚食毒饵，至少20只死亡。如果没有志愿者和相关部门的救助，死亡数量还会增加。

"即便不被投毒，这些鸟也性命堪忧。"张正旺说。

张正旺是中国鸟类学会秘书长、北京师范大学动物学教授。他说，对于数万只水鸟，一万亩的水域能提供的食物极为有限。在毒杀案事发的"万亩鱼塘"，常常是这一波候鸟尚未填饱肚子，下一波候鸟就来觅食了。

渤海湾区域湿地众多，号称东亚——澳大利亚候鸟迁徙路线的"咽喉地带"。除了天津北大港湿地，难道候鸟们就没有其他选择了吗？

"在我们调查的渤海湾周边五处关键湿地中，包括七里海在内的几处湿地，都因人为因素干扰，候鸟很少落脚，北大港湿地算是'硕果仅存'，东方白鹳们真的无路可退了。"张正旺说。

渤海湾滨海湿地区域，包括天津北大港湿地自然保护区、七里海湿地自然保护区、天津沿海滩涂、唐山沿海滩涂、团泊洼湿地等等。

对栖息地的人为破坏

2012年11月23日起，记者随多位专家，沿渤海湾踏查。

七里海湿地自然保护区位于天津北部，是世界级古海岸湿地。上世纪80年代，研究人员在七里海湿地多次观测到东方白鹳的身影。

11月29日，在保护区西侧，沿着核心区，几公里长的人造走廊延伸到湿地中的芦苇丛里，在湿地中可见大量欧式风情建筑。附近居民说，到了晚上，建筑上的各色射灯会照到芦苇丛里。

这些变化让莫训强担心，这位南开大学环境工程学院的博士生分析，颜色各异的光芒会让栖息的候鸟恐惧；旅游公园兴建时砍掉了很多芦苇，种上了南方的花草，这就破坏了周边的湿地结构，对东方白鹳来说等于完全营造出一个陌生的环境。

张正旺的实地科研调查数据显示，2006年，七里海湿地的水鸟总数量为120只，到2007年，只剩下4只。

在天津滨海新区的中新生态城，方圆35平方公里的地方，打算建成一个集绿化、自然、节能、环保的生态城。

"我们投入15亿资金，改造盐场，治理修复了已严重污染和不流通的两处水域，力求把生态城打造成环渤海湾的绿色宜居标签。"生态城管委会一位相关负责人说。

可这里一位担纲绿色规划的负责人却有了疑惑："我们植树造林，环境美化了，可鸟却不见了。"

生态城南侧，彩虹桥附近有一个不足1平方公里的小浅滩，名叫三合岛。这里原是小型鹬类栖息啄食的天堂。"在对岸，不用望远镜就能清楚地看到各种水鸟。"莫训强说。

可现今，为了美观和方便人鸟近距离接触，岛上架起了观鸟台。"人上了岛，鸟还敢来吗？"莫训强说。

填海造陆破坏栖息地

"今年，反嘴鹬的数量只有以前的1/3。其他候鸟的数量也急剧减少，这里变成陆地后，鸟儿们又失去一处乐园。"

王建民，天津生态城摄影师，拍鸟七年，是候鸟们不折不扣的"粉丝"。他每年必到唐山丰南港滨海湿地取景，他称这里为"拍鸟圣地"。

2012年11月26日上午，他驱车来到河北唐山市丰南区的海边，但眼前的"圣地"让他震惊。

几个足球场大小的"水汪子"，四周被大型钢管圈起，泥浆通过钢管，喷涌进圈内。

数百只反嘴鹬停在水面上，任由泥浆喷淋。它们有的试图挣扎，但刚张开翅膀，就被泥浆砸落。

"这片水域上，每年都有上万只南飞的反嘴鹬栖息，它们是东方白鹳迁徙路上的伙伴。"王建民说，虽然这里环境变迁，但它们舍不得离开。

沿着海岸线行走，附近的施工人员指着远处说，现在港前路的位置，多年前其实是海滩，"明年，这块区域将全部填成陆地。"

施工人员手指的方向，有几只大型水鸟，工人们并不认识那是什么鸟，可王建民一眼认出，那是东方白鹳。

王建民迅速支起三脚架和单反相机，眼睛向相机取景器凑过去。

他压低声音，"11只！"生怕惊扰了它们。

这些黑白羽翼的精灵，觅食中不住地抬头，警觉地打量着四周的环境。

泥塘中还有豆雁、鸿雁、红嘴鸥、银鸥、苍鹭……甚至还有与东方白鹳同样濒临灭绝的黑嘴鸥的身影。

"这可能是我最后一次在'拍鸟圣地'看见它们了。"王建民说这话时，握相机的手抖了一下。

消失的浅滩

建设中的"唐山港丰南港区"，数百万平方米的海面，被划分为A1到A7区，7个吹填造陆区。

一份"丰南港区开工介绍图"显示，港区内，吹填造陆工程量约1620万平方米，造陆面积约762.82万平方米。

丰南港区建成后，码头岸线将长20.5公里，港区规划陆域面积约40平方公里，相当于约6000个足球场。

距离丰南不到20公里的唐山滦南县南部，正是曹妃甸工业园的填海造陆区。

在一片数千平方米的"沙田"上，散落着大小贝壳，小如米粒，大如巴掌，它们都曾是候鸟的食物。现在，已经死去的贝壳，鸟类无法眷顾。

王建民说，几年前这里还是滨海湿地，东方白鹳也常来觅食。现在经过吹填造陆，海沙从海底被抽出，填埋到岸上。如今，湿地变成了"沙漠"。

一名施工人员说，每逢大风，沙田里都会形成沙尘暴。

但和渤海湾沿岸填海造陆工程"世界最大"的宏伟目标相比，沙尘暴显得微不足道。

2008年2月，新华社报道，未来5年内，位于滨海新区的天津港集团将建设世界最大的填海造陆工程，三个港区填海造陆总面积达160平方公里。

这一纪录随后被河北刷新。在2010年，时任河北省省长陈全国介绍，曹妃甸的填海造陆在当年已完成170多平方公里，超过了天津。

按规划，唐山曹妃甸工业区最终目标，是达到约380平方公里，成为新的世界最大的填海造陆所在地。

2009年，国家海洋局北海分局副局长刘心成表示，渤海周边向海要地的情况非常严重。查处的案子中大部分是违法填海造陆，当年查处的违法造陆，仅曹妃甸就有10多起。

湿地和浅滩对东方白鹳至关重要，不会游泳但长了一双长腿的它们，只有在水深不足1米的湿地浅滩中，才能吃到鱼类。

国际自然保护联盟（IUCN）的报告中，对东亚——澳大利亚迁徙路线途中，22个国家的滨海湿地丧失情况的评估显示，中国渤海湾以59%的湿地丧失排在前列。

苏立英说，填海造陆带来的破坏，是无法逆转的。

湿地红线

踏查行动中，一位日本学者全程跟随。

百濑邦和，日本丹顶鹤保护协会会长，从事水鸟保护及研究30年，这次，他为东方白鹳等候鸟而来。

"看，那有一群东方白鹳。"这位61岁的老人见到东方白鹳后，极其兴奋，"一共有11只，多美的鸟啊。"老人一边仔细地数，一边叹气。

1971年，日本最后一只野生东方白鹳死亡，标志着这一物种在日本灭绝。

野生东方白鹳在日本的那些年，受迫于湿地被破坏，最后聚集于北邻日本海的兵库县。但工业经济的发展，导致兵库县生态环境发生根本改变，土地大多受污染。鱼类、青蛙赖以生存的食物枯竭，东方白鹳食物链断裂。

"现在的渤海湾像极了40年前的东京湾。"百濑邦和说。

他回忆，那时的日本沿海造田，大规模开垦滩涂。之后的几十年，海滩上约十万只不同种类的水鸟消亡。

百濑邦和感叹："过度开发的恶果已造成不可修复的情形，

希望中国不要步日本的后尘，悲剧不能重演。"

中国科学院动物研究所自然保护立法研究组总协调员解焱博士表示，最大的问题是无法可依，她希望尽早出台一部全国性的有关自然保护地的法律。

"国家需要通过统一的综合管理部门，建立自上而下的详细的管理制度，必须有法规明确每一个保护区的核心区域、缓冲区域的边界，对每个区域能进行的经济和旅游开发活动有严格规定。再碰到填海造陆、抽水养殖等类似问题时，相应管理部门拥有与当地政府直接协商、监督甚至制止的权力。"

国际鹤类基金会鸟类专家苏立英博士呼吁，在湿地保护区建立像耕地红线一样的湿地红线，以便保护滨海地区仅存的滩涂湿地。

国际自然保护联盟（IUCN）的一份报告指出，在东亚——澳大利亚迁徙路线上的候鸟和栖息地，是沿途22个国家共有的自然遗产。

报告说，必须采取许多措施来长久保护这些资源。除非做到本区域高速经济发展与充分的环境保护取得平衡，否则经济成果是短命的，极有价值的生态系统的破坏将会毁灭经济成就，代价高昂的生态灾难将会频繁发生。

同时，对现有的东方白鹳资源及其生境要减少人为破坏，尽可能地维持改善现状；在必须对这些地区进行开发时，一定要留出适宜的生境，主要是沼泽湿地、水域面积及筑巢乔木以供东方白鹳生存。充分利用尚未开发的沼泽地，及早地规划出沼泽鸟类自然保护区。

记者手记

记得那是一个不眠之夜，大伙儿驱车前往北大港湿地自然保护区，站在星空下的芦苇丛边，打着强光手电，用望远镜焦急地寻找那26只东方白鹳的身影。

持续约10天的救援后，这次放飞，终于让救援者们的压力释放。但在10天之内暴露出来诸多其他问题，也值得反思。

那是2012年11月11日夜里，我从微博上看到"北大港东方白鹳集体中毒，获救13只，死亡3只，同时还有26只撑不过当晚"的消息，便决定立即赶往北大港。

当晚，有同事觉得不用去，志愿者也劝我可以明天再来，但我态度很坚决：无论是救鸟还是救人，最宝贵的都是时间，分秒必争，同时，我一定要直接参与救援。

当晚，我联系好天津蓝天救援队，连夜赶往现场。那是一个不眠之夜，大伙儿驱车前往北大港湿地自然保护区，站在星空下的芦苇丛边，打着强光手电，用望远镜焦急的寻找那26只东方白鹳的身影。

由于夜黑，救援只能定在12日早晨。志愿者刘慧莉说，她特别牵挂那26只东方白鹳的安危。

12日一早，我和志愿者都身穿水裤进入湿地搜救。北大港湿地由稀泥、水塘和芦苇丛构成，如同沼泽。每一脚踩下去，稀泥就会把腿吸进去，每走一步，脚踝就像绑了两个铅球。有时脚拔出来了，水裤还陷在泥里，随时都会摔倒。当天，每一个人都找得精疲力竭。

但时间让大家失望了。

事后证明，"克百威"农药的发作速度极快，24小时内如果不进行解毒，中毒较深的鸟类必死无疑。

仅剩约2500只的国家一级保护动物、全球濒危物种东方白鹳，就这样，在随后的多天内，陆续被发现了20具尸体。

但志愿者们尽力了。他们发挥了他们能发挥的最大能力。救鸟最多的志愿者，往返沼泽地6次，抱出6只东方白鹳，最后一次体力不支倒地；另一个志愿者，左手抱着一只活东方白鹳，右手拖着2只东方白鹳的尸体，在深及膝盖的淤泥里走不动了。

救出13只东方白鹳，已是他们的极限。

各行各业人员志愿组成的"蓝天救援队"，向当地人展示了他们的专业素质。但不少救助者们此前都一无所知，他们边救边学，最后成为中坚力量。

在接下来的几天，面对一万亩的湿地，搜救任务更加艰巨。

自微博求援的第一条微博发布起，专业的鸟类救助兽医、经验丰富的鸟类救援者、有装备有人力的蓝天救援队员、当地的人数众多的单车俱乐部、来自各地的观鸟爱好者、鸟类研究专家、提供救援物资的爱心人士……这些源自民间的力量，汇集成一股合力，使得此后的搜救、打捞尸体、清毒、督促并指导当地行动，有条不紊地展开。

最初，现场仅有极少数专家有过鸟类救助经验。比如，救助鸟时的抱鸟方式、救出后鸟的眼睛需要蒙上布防止应激反应、鸟应该装到箱子里而不是笼子里、简单解毒方法等等，不少救助者们此前都一无所知。但他们边救边学，最后，他们都成为了救援的中坚力量。

而相比于个体志愿者，民间组织的力量更为关键。

比如当地的大港油田单车俱乐部，虽只是天津一个大港地区的小型俱乐部，但也在救援中发挥了关键作用。他们本次投入约30人的队伍，由于队员们经常骑车锻炼，体能上佳，往返湿地的速度，大大快于普通志愿者，使得搜救行动快速展开。

相比之下，即使是我这个经常长时间步行的记者，在参与救援时展现出的体能，也远比不上经常锻炼的单车俱乐部队员。

12日当天，他们打捞起9只东方白鹳尸体。13日，又再打捞起7只。我相信，这些死去的东方白鹳，定是11日夜里，那等待救援而救援未至的那26只里的一部分。

它们经过的夜晚太过漫长，最终没有等到第二天白昼来临。

专家说，中了"克百威"毒的鸟儿，会全身肌肉痉挛，上吐下泻，呼吸衰竭，直到死去。可以想见它们临死前的痛苦。

20只东方白鹳的尸体中的最后一只，是15日赶来的蓝天救援队打捞起的。他们的队员，携带动力皮划艇来到现场，其搜救效率，比以前靠人穿着皮裤下水提高多倍。两天内，他们清理完了一万亩水域中散落的农药瓶，和一百多只各种鸟类的尸体。

这是民间组织的另一个优势。由各行各业人员志愿组成的民间组织"蓝天救援队"，向当地人展示了他们的专业素质。他们队里有部门所没有的多艘皮划艇，此外，无线通讯设备、后勤保障设备、搜救填埋设备等等，也都大大提高了搜救效率。

本该由政府相关部门主导的救援，但在救援中，政府部门发挥的作用却并不充分，他们绝非不想保护这些美丽的候鸟，问题在于不知道该如何做。

当地政府的迟缓行动，与志愿者和民间组织的救援形成鲜明对比。

在北大港湿地自然保护区，地方林业部门缺钱、缺人、缺物。除此之外，湿地的管理方式极其复杂，涉及水务、镇政府、水库管理处、水产局，以及各种林业部门等近10个部门交叉管理，一旦出事，协调费时费力，效率迟缓。

一个最显著的例子是，志愿者在11日就跟当地林业部门提出，想协调一艘动力船，好进湿地深处救援，直到14日，志愿者们等了3天，期望中的动力船始终没有盼到。

不得已，15日，蓝天救援队天津分部向北京总部提出，从北京调一艘有动力的船来天津。当天，有人感叹："偌大一个天津，政府部门竟然连一艘动力船都调不来，谈何救援？"

作为全程参与的记者，看到这些情景，我既高兴又忧虑。高兴的是，期待中的公民社会正逐渐觉醒，有能力的各行各业的民间力量，在需要他们的时候，能够迅速汇集，同时，这些及时赶来的"善"的力量，也激励更多的人参与其中，秉承善良，坚持正义。

忧虑的是，在公民社会的蓬勃发展之时，一些政府部门的行动效率却愈见迟缓。本该由政府相关部门主导的救援，但在救援中，政府部门发挥的作用却并不充分。

的确，十天来，每一天的相关部门的工作人员和负责人都会赶往现场，但其所负责的主要事情，一是现场监督、留意志愿者们的人身安全；二是给志愿者们买火腿肠、面包等早饭。

他们绝非不想管理好这片湿地，也绝非不想保护这些美丽的候鸟。多天来，当地一位林业部门的负责人，多次身先士卒，穿着水裤，往返在沼泽地中搜救，走得比有些志愿者都远；另几位林业部门的工作人员，参与尸体的打捞工作，捞起这些鸟类的尸体时，痛斥盗猎者的丧尽天良。

他们只是还不知道该如何做罢了。面对繁多的湿地管理部门，仅靠一两个部门有心无力。"比如我们管鸟的事，但是水却不归我们管，但倘若水坏了，鸟岂不是也跟着遭殃？"一名当地林业部门的工作人员说。

幸运的是，这次事件的经历，也从另一方面加速了当地政府部门的"成长"。事后，一名湿地的负责人表示，多个部门将签订责任状，建立统一的应急预案，"一有事件产生，多个部门联动，谁也脱离不了责任。"

救援也加速了当地政府与民间力量的融合。在这次事件之后，一个名为"北大港青年志愿者协会"的机构诞生了，这个协会在官方的管理下，只要是有热情、有爱心、有空余时间的人，均能加入到协会中，成为保护北大港志愿者的一员。

21日，东方白鹳们成功放飞了。媒体、当地政府官员、警察、志愿者聚成一堆，观看这次放飞的人来了一百多。

警察拉起两道约5米宽的警戒线，但如我所料，警戒线并没能阻挡热情人们的脚步。志愿者和媒体争相上前抱鸟放飞，有的摄影记者则干脆冲到箱子正面迎着鸟拍摄。拉开箱门，东方白鹳们"仓皇出逃"。

在上午10点24分，现场一名迎着鸟的摄影记者，迎面遭遇了"东方白鹳之吻"，细长的鸟嘴戳中了他的眉毛，当场流血。

随后，10点25分，一名没有掌握正确抱鸟方法的志愿者，由于没有控制住鸟嘴，"东方白鹳之吻"降临在他的脸上，脸上被戳了两个洞。

而一名电视台的摄像师，由于跟鸟过于靠近，脸部直接遭遇了东方白鹳的鸟爪踩踏。

猛禽救助专家张率说，东方白鹳这种性格温和的鸟类，只有在特别害怕的时候，才会展开攻击。

而且，在放飞时，本该留出足够的放飞安全距离，同时要少穿鲜艳色彩的衣服刺激鸟类。

事后想想，志愿者们尚且如此，我们在保护候鸟的知识方面该有多么贫乏。

它们中的几只，还在人们头顶上盘旋两圈才飞走，像是在诉说着离情别意。而在这次救助中，志愿者们总结的经验教训，也将被收集整理，助力日后的鸟类保护。

名词解释

东方白鹳

●特征：隶属鸟纲鹳形目鹳科，大型涉禽。体长约1.2米，翼展近2.2米，除飞羽黑色外，余部体羽白色，喙黑色，眼部裸区和脚为红色。

●食物：主要以鱼为食。也吃蛙、小型啮齿类、蛇、蜥蜴、软体动物、蜗牛、节肢动物、甲壳类、环节动物、昆虫和昆虫幼虫等。

●保护级别：国家一级保护动物，目前全球数量已约2500只。被国际自然保护联盟定为濒危种，被列入《濒危野生动植物种国际贸易公约》附录。

●习性：性宁静而机警，飞行或步行时举止缓慢，休息时常单足站立。

●繁殖：繁殖期为4月至6月。每年3月初至3月中旬到达我国东北繁殖地，主要栖息于开阔的平原、草地和沼泽地带，特别是有稀疏树木生长的河流、湖泊、水塘及水渠岸边和沼泽地上。栖息和活动远离居民点，高处筑巢，每窝产卵3至5枚。

●迁徙：9月末至10月初开始离开繁殖地往南迁徙，迁徙季节常集成数十甚至上百只的大群。

●在我国繁殖地：黑龙江省齐齐哈尔、三江平原、兴凯湖，吉林省向海、莫莫格等。

●迁徙地：辽宁省沈阳、大连、营口，天津和山东长岛、东营等地。

●越冬地：江西鄱阳湖、安徽升金湖等。

西南大旱启示录

（刘晓星，《中国环境报》青年记者）

摘要：2009年8月以来，由于降水持续偏少，我国西南大部分地区连续遭受了罕见的干旱，导致区域生态系统安全受到严重威胁。而此次西南地区的极端干旱气象发生范围之广、历时之长、程度之深和导致的损失之重，历史同期少有。同时，干旱气象条件导致区域水热条件发生显著改变，对西南地区的生态系统及脆弱的生态环境均造成严重影响。

关键词：西南极端干旱气候　环境　生态　影响

2012年，西南旱情再度告急。持续高温笼罩下的云南、贵州、四川、广西和重庆西南5省（市、区）继前半年"旱涝急转"之后再次发生反季节性的旱情，干旱程度超过了2011年的"百年大旱"。

西南地区是我国乃至南亚、东南亚地区的"江河源"，是长江、珠江、澜沧江、雅鲁藏布江等重要国内与国际河流的源头和上游，西南地区人口占全国的1/6，尽管拥有全国46%的水资源，但水资源时空分布不均匀。西南干旱总的来说是在大的环境背景，自然因素与社会经济因素共同作用下发生的。我国西南大部分地区是全球生物多样性保护的热点地区，也是我国生物多样性保护优先区域和重要的生态屏障，同时又是生态脆弱地区。

2009年8月以来，由于降水持续偏少，我国西南大部分地区连续遭受了罕见的干旱，导致区域生态系统安全受到严重威胁。

而此次西南地区的极端干旱气象发生范围之广、历时之长、程度之深和导致的损失之重，历史同期少有。同时，干旱气象条件导致区域水热条件发生显著改变，对西南地区的生态系统及脆弱的生态环境均造成严重影响。极端干旱气象对西南地区主要生态功能带来哪些现实和潜在的影响？干旱过后，受到严重影响的生态环境如何得到恢复和治理？应对这次干旱能在多大程度上促进我国区域生态环境管理？

极端干旱成因几何？

在西南各种自然灾害中，以干旱灾害最为严重，也是影响范围最广的一种自然灾害。干旱的出现次数最多，持续时间最长，影响范围最大，表现为季节性干旱、连季干旱或连年干旱。20世纪90年代以来，西南各地干旱的发生程度虽不尽相同，但都呈上升趋势，干旱灾害更加突出。如贵州省50余来年的旱灾经历了多个起伏，总的趋势是旱灾越来越严重，对农业生产及群众生活的危害越来越大，云南省1950年至1999年的50年间，干旱年频率增大，偏旱到大旱年就有19次，平均两年多一旱。一般来说，气候、地质、水文和抗旱能力等是造成灾害的主要因素。

中国气象局应急减灾与公共服务司司长、新闻发言人陈振林介绍说，2009年以来西南地区呈暖干趋势，去年10月以来持续温高雨少西南干旱有年代变化，这几年有一个向暖干的趋势，特别从2009年以来，降水量都低于常年平均值，2009年至2012年，西南地区（云南、贵州、四川省和重庆市）降水连续4年偏少，平均年降水量为961.6毫米，较常年（1061.9毫米）偏少9.4%。2009年以来，西南地区降水量偏少月份达35个，占总数的70%，其中有19个月较常年同期偏少三成以上，有4个月偏少五至八成。2012年10月以来降水已连续近5个月偏少。

2009年至2012年，西南地区气温连续4年持续偏高，年平均气温14.9℃，较常年（14.6℃）偏高0.3℃。2009年以来西南地区月平均气温偏高月份达39个，占总数的78%，其中有11个月较常年同期偏高1.0℃以上，个别月份偏高3.0℃以上，出现了暖干，温度还高，这是一个大的背景。去年10月以来，西南大部地区降水量不足100毫米，且空间分布不均。与常年同期相比，云南、四川南部和东部、贵州西部、重庆北部等地降水量较常年同期偏少二至八成，局部偏少八成以上。其中，云南省区域平均降水量为82.1毫米，较常年同期（178.2毫米）偏少53.9%。同时，云南中东部和南部气温偏高1℃至2℃。

陈振林介绍说近年来西南地区干旱频繁发生，今年部分地区已出现中到重度气象干旱。2009年以来，西南地区连续4年出现明显干旱。2012年10月至今降水持续偏少，已出现干旱。传统来讲5月到10月份是雨季，雨季降水如果出现比常年偏少，很容易造成干旱，过去统计雨季连续偏少的月份非常多，超过了50%，达到70%。2012年10月以来西南地区干旱面积比例达34.7%；2011年至2012年冬春西南地区连旱范围最大时干旱面积比例达26.2%。去年10月以来，温高雨少造成目前西南地区旱情显现，云南中北部、贵州西部、四川南部等地再次出现不同程度干旱，尤其是云南中部与北部出现中到重度气象干旱，局部达到特旱级别。与2009年及2010年秋冬春干旱相比，今年西南地区干旱较轻，范围偏小，位置偏西，但仍较2010年及2011年和2011年及2012年严重。

水库水塘干涸见底，大面积农田了无生气，越来越多的村民喝水难——吕厚荃今年2月底走访云南易门县、禄丰县、楚雄市、南华县、祥云县等地时发现，这些地方正受到缺水的严重困扰。天降大雨，成为当地老百姓最为期盼的事情。

2月底本该是云南小春作物即将收获的时节，然而在国家气象中心农业气象中心主任工程师、农业气象服务首席专家吕厚荃走访的大理州祥云县的乡村里却看不到收获的作物，广阔的田野上只有枯萎的豌豆、绝收的大麦，甚至直接撂荒的土地。"因为用水受到限制，很多农户不仅收不到春粮，而且还不得不放弃种植夏粮。"

不仅是粮食，人的饮水也日益艰难。本应在旱季支持村民用水的水库不少降到了最低水位，有的甚至直接干涸见底，吕厚荃在祥云县就看到了不少这样的库塘，其中大棚南海小二型水库干涸情况触目惊心——水库底部可以直接行走，干裂的地缝能伸进两个手指，尺子测量的深度有8厘米。

更让人担忧的是，很多老百姓自家备用的水窖也都干了，盘旋狭窄的山路还加重了送水取水的难度，"我们进村子，车是根本开不进去的，一般要步行几公里，送水车就更没法进去了。"吕厚荃说，不少村民感觉今年干旱的日子比2010大旱时期还要艰难。

干旱的影响正从农业向农户生活蔓延，并逐渐从山区向外扩展，甚至引发了对生态环境的担忧。

"干旱时间长，干旱范围大，干旱程度重。"中国气象局应急减灾与公共服务司司长、新闻发言人陈振林总结了目前西南地区干旱的特点，他表示近4年来西南地区干旱频繁发生，今年部分地区已出现中到重度气象干旱。是什么造成了西南地区连年干旱，处处喊渴？

关于西南地区干旱的成因，陈振林和吕厚荃给出了一个普遍的观点：西南地区干湿季分明，冬半年降水稀少，气候干燥，而5至10月的雨季降水量约占全年的85%以上，所以一旦雨季的降水量偏少，蓄水不足，就有可能导致整年的干旱。

事实是，在过去四年里西南地区降水持续偏少，其中，云南去冬今春的降水更是异常偏少。吕厚荃介绍，去年10月以来，云南全省平均降水79.4毫米，偏少53.4%，调查组所到的中西部各县市有的甚至偏少到90%，几乎终日不见雨水，堪比2010年云南百年一遇大旱。

雨少的同时，西南地区气温还连续四年持续偏高。国家气候中心监测到，西南地区2009年至2012年平均气温总体偏高0.3℃，有的月份偏高3℃以上。

陈振林表示，长期的温高雨少使得当地"湿季不湿，干季更干"，土壤底墒随之持续降低，河流水库的水量也在减少，雨季蓄积不到足够水量，旱季用水自然陷入困境。

基于西南地区持续温高雨少的数据分析，国家气候中心发现，2009年以来西南地区正呈现出暖干化的趋势。为什么会出现暖干化？

陈振林指出，雨季冷暖空气交汇往往能给西南地区带来充沛的降水，但这几年的冷空气偏东，很少影响到西南地区，加上来自印度洋的西南暖湿气流又比较弱，水汽输送差，冷暖空气无法在此交汇形成很好的降水条件。

往年雨季，西南地区高原对流还十分旺盛，多雷雨冰雹，有些年份当地甚至面临严重的防雹任务。"但是近年来由于印度洋偏暖，导致大气下沉气流盘踞在西南地区上空，使得对流也不容易发生了。"陈振林说。

四年连旱，并非偶发。据历史资料记载，云南可谓"9年一大旱、5年一小旱"，进入21世纪旱灾发生愈加频繁：2001年遭接近于历史上"最严重的旱灾"，2005年遇近50年来最大干旱，2006

高炮分布图　摄影／杨勇

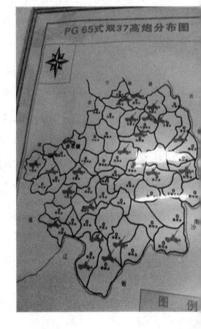

地质学家杨勇近年来一直在高原为中国找水做着自己的独立调查。对于西南的大旱，杨勇有着自己的独特见解。在民间环保组织绿家园发起的"江河十年行"第八年2013年的行走中，杨勇告诉记者们，今年春节他是在金沙江边的考察中度过的。云南的大旱通过考察他有着这样的判断：

一、全球气候变化的影响；

二、地表水的截流，工程截水；金沙江上要建25座大坝，中游和下游已经建和在建的就8座；

三、放炮驱云。每年正是田里种的菜需要水的时候，恰恰是烤烟怕水时。于是为了保证烤烟大省的主打经济，只要放炮把天空中的云赶走，以确保烤烟的生长。这无疑对小气候产生影响；

四、城市与农村挣水。城市"摊大饼"发展，越摊越大，新一轮的抢水大战已经开始；

五、大量水窖的开挖，对地表水的蒸发与地下水位的下降产生影响；

六、污染导致功能性缺水。

在2013年"江河十年行"时，关于连续四年的大旱，国际环保组"保护国际"项目官员田犂，看着山上一片片的绿色说，历史上金沙江流域没有多少人。建国后一轮一轮地破坏森林，从砍树到种树的单一物种，对植被的破坏，也是大旱不能排除的原因。现在的绿色很多都是后来种的，品种单一，其生态功能和天

水窖 摄影 / 汪永晨

大旱中的云南 摄影 / 汪永晨

然森林是不一样的。

干旱无声，带来的是"温水煮青蛙"式的灾难。人们对旱情初发时的情况认识不足，后期随着干旱加重，不可逆转的灾害已经造成。"尤其是靠天吃饭的老百姓，面对满地绝收的庄稼时，才意识到今年旱到无法种植这些作物。"国家气象中心农业气象中心主任工程师吕厚荃说，这次四年连旱灾情叠加，警示作用更加明显。

眼下，干旱并没有停止发展。未来，旱情的缓解也尚需时日。"目前西南旱区没有明显的降水，且降水持续偏少，展望到整个3月份也不容乐观，所以我们判断西南地区的气象干旱要持续发展。"陈振林说。

其中，在旱情突出的云南，国家气候中心做出预测，今年春季（3月至5月）云南持续降水偏少、气温偏高趋势，3月降水将偏少二至五成，气温偏高1℃至2℃。

持续温高少雨将使旱情继续发展，加剧对农业生产的影响。"目前云南正值夏收作物需水高峰期，未来云南旱区基本没有降水，旱情将持续，尤其山区、坡地及无灌溉条件的坝区，小春生产将受到不利影响。"吕厚荃表示，一般来说，如果5月下旬当地雨季正常开始的话，旱情才有机会逐渐缓解。

据云南省气候中心预测，旱情较为严重的滇中及以西地区的雨季，或将于5月下旬至6月上旬相继开始，为正常至偏晚。在此之前，云南抗旱之役仍十分艰辛。

在连年干旱的炙烤下，旱区也展开了诸多"自救"和应对措施。除了政府部门推进的送水车、"引洱海入宾"工程等，公益组织捐赠的"母亲水窖"，民众也在点滴生活中积累节约用水的经验。

吕厚荃告诉记者，在昆明，出租车广告牌关于节约用水的标语随处可见；在走访的乡村，一水多用几乎成为共识；而今年3月1日起昆明还实施了"减量保时段"供水措施，楚雄更是提前一个多月启动限水方案。

"连年干旱除了教会我们眼下节约用水合理之外，更应该引起大家对长期干旱规律的关注和研究，根据当地天气气候特色调整种植结构，水源条件偏差的地区扩大水改旱面积等等，都是长远抗旱需要做的。"吕厚荃说，气象部门也会加强预测预警，抓住有利的天气条件开展人工降雨。

极端干旱气象对区域生态环境带来哪些影响？

极端干旱气象对水生生态、湿地生态系统影响巨大，致使水生生物生境受到破坏，水生生态系统安全遭到严重威胁，同时也加剧了西南地区石漠化程度。

"春自生，冬自槁，须知湖亦如人老。"清代诗人袁枚曾如是描摹洞庭湖四季荣枯之道。然而自2011年春末夏初开始，本应"浩浩汤汤，横无际涯"的洞庭湖却变得洲滩处处，死鱼遍地，牛羊低首，芳草萋萋。

谁也无法逃脱干旱带来的危机。人类如此，包括野生动植物在内的生态系统亦是如此。

鄱阳湖、洞庭湖水草肥美、鱼虾成群，曾是江豚栖息的天堂。世界自然基金会（WWF）资料显示，1993年长江至少有2700头江豚，这个数字到今天已经锐减近一半，其中有150头至200头江豚分布在洞庭湖区。

在冬季，洞庭湖曾是江豚唯一的栖息区。如今的洞庭湖却有众多的挖沙船、运沙船在频繁作业，人工养殖网箱浮于水面，渔船穿梭湖面，偶尔还有电打渔船。比白鳍豚还古老、比大熊猫还稀少的江豚就这样浮沉于不安的江湖。

大旱又令本已岌岌可危的江豚雪上加霜。江豚活动的最低水深需要3米，大旱使得符合条件的水域越来越少，遥感数据显示，5月27日，洞庭湖水面面积仅650平方公里，仅为正常年份同期的

1/7，这也就意味着江豚的生存空间在缩小，它们只能游向航运繁忙的主航道。5月19日下午，东洞庭湖自然保护区管理局在一处水域监测发现，仅两分钟就监测到51头次江豚。这意味着因干旱使洞庭湖航道变窄，使得江豚栖息区域变得更小，以至于江豚撞上轮船的悲剧不断发生，今年两湖区域死亡江豚数量就有明显增加。

湖中生态岌岌可危，湖边湿地亦危机四伏。

当渴极了的洞庭湖终于盼来了一丝细雨之后，因干涸而皲裂的湖床痊愈了，疯长的芦苇和苔草更显青翠，一反洞庭湖往日物种组成丰富、景观多样的景象，2625平方公里的洞庭湖湿地显出色调单一、诡异的郁郁青青，如海市蜃楼。

2012年5月底，中科院亚热带农业生态研究所博士生李峰在洞庭湖调研时惊奇地发现，因为此次干旱，在一些水域，辣蓼等沉水植物已经绝迹，菹草、苦草亦大幅减少。这些洞庭湖常见的水草是整个洞庭湿地生态的基石，大面积的消失对于整个洞庭湖的生物多样性来说可谓是一个致命的打击。

去年5月，记者在洞庭湖采访时了解到，由于连续干旱，洞庭湖的水面大幅度缩小，不少天然湖泊已经干涸见底。来自西洞庭湖自然保护区的监测数据显示，与去年同期相比，西洞庭湖水面仅为去年的1/3左右。

连续干旱使洞庭湖中的浅水植被破坏、动物栖息地发生变化，洞庭湖生态链受到严重威胁。据西洞庭湖保护区监测巡护员曹锋介绍说，目前，西洞庭湖鸟类群落主要是鸥科和鹭科组成：鹭科鸟类主要有小白鹭、牛背鹭、夜鹭、池鹭等，数量约为3000只至4000只；鸥类只能观测到须浮鸥，保护区的范围内夏候鸟正大规模地向湿地外围转移。

洞庭湖的生态危机仅仅是我国南方及长江流域严重干旱气象引发生态危机的一个缩影。

针对极端干旱气象对生态系统的影响，中国环境科学研究院生态研究所选择受极端干旱气象影响较为严重的云南、四川、重庆、贵州和广西5省（市、区）进行了区域生态特征及变化趋势、典型区域的干旱影响分析和石漠化、湿地生态系统、生物多样性等主要生态功能的影响评估。

评估结果显示，干旱导致西南地区部分生物群落结构发生变化，从而影响生态系统演替过程。极端干旱气象对以水分为主导的生态系统植物群落结构影响明显，加速植被向干旱灌丛以致稀草坡、荒漠化发展，影响生态系统演替过程。其中，农田生态系统受影响最大，作物大面积死亡或绝收；森林生态系统的变差强度和变差速率明显小于农田生态系统，生态系统整体影响不大。

同时，极端干旱还导致西南地区石漠化程度加剧。黔西南地区石漠化敏感性增强明显，发育在岩溶地貌环境上的生态系统发生逆向演替，水土保持与涵养能力下降。

数据显示，极端干旱气象加速了西南岩溶地区石漠化进程，干旱后西南5省（市、区）石漠化敏感区面积增加了4.5万平方公里，石漠化显著增强区面积达3万余平方公里。极端干旱气象对岩溶区域地表草本植被影响严重，造成植物连片或呈镶嵌式死亡，导致地表植被大面积退化，生态系统的水源涵养和水土保持调节能力减弱。

中国环境科学研究院环境生态研究所首席专家、副所长李俊生在接受记者采访时说，极端干旱气象不但造成干旱区水库、池塘干涸、河流断流、湖泊水位下降，湿地生态系统生境改变明显，影响动植物物种生存，对水生生态、湿地生态系统产生巨大影响。而且极端干旱气象对陆地生态系统，尤其是我国西南地区保水能力较差的喀斯特地貌、石漠化区的影响更大，容易造成生物群落逆向演替，生态系统进一步退化，一旦遇到其它自然灾害，如暴雨袭击等，更易引发更大的生态灾难，后果不堪设想。

极端干旱气象对区域生物多样性造成哪些潜在影响？

干旱一方面造成严重影响区部分植物死亡，生态系统活力下降，生物多样性下降；另一方面导致群落结构发生改变，物种间相生相克平衡破坏，入侵强势物种暴发性增长，危及生物多样性安全。

洪湖水域辽阔，水草丰茂，水质清澈，是众多湿地迁徙水禽的重要栖息地和越冬地，作为湿地生物多样性和遗传多样性的重要区域，它是长江中游华中地区湿地物种的"基因库"。

近3年来，因历史人为因素和自然因素，洪湖湿地面临着一个又一个威胁。2009年8月，外来入侵物种——水花生在洪湖肆虐，严重威胁着本地生态系统的稳定和安全；2010年夏季，洪湖经历了10年不遇的洪涝灾害；2011年5月，长江中下游5省面临着70年一遇的干旱，洪湖亦在其中。

干旱极大地影响了洪湖湿地本土植物的生长，但对水花生的影响却微乎其微。10多年前，水花生曾作为饲料在洪湖上游种植，其后它随风、随水流动，逐渐进入洪湖。近年来，由于缺少节制手段，进入洪湖的水花生越积越多。水花生凭其生命力强、适应性广、生长繁殖迅速、水陆均可生长等特性，在洪湖迅速壮大。水位较低的年份，浅水区生长的水花生的根会抓起大量泥土，随着夏季水位升高，这些携带泥土的水花生就形成了一座座植物岛，并逐渐扩张。2009年，洪湖水花生疯长，面积迅速扩大，呈暴发态势，发生面积一度达到3万亩。

中国环境科学研究院科研人员赵彩云和柳晓燕通过到洪湖进行实地调查及对2009年、2010年、2011年3期遥感影像进行对比发现，与正常年份相比，截至2011年5月中旬，洪湖大湖面积已经缩减了36.71%，由此可见洪湖干旱形势非常严峻。

令人担忧的是水花生属于水陆两生的物种，尽管在干旱情况下被迫向陆地转移，但其生命力相当旺盛。干旱对当地的生态系统造成了严重的破坏，这为外来入侵物种的入侵提供了可乘之机，在旱情缓解之后水花生极有可能得到迅速扩张。

对此，李俊生表示，极端干旱气象对区域生物多样性将存在直接的和潜在的影响，极端干旱气象一方面直接造成干旱区部分植物死亡，种群活力下降，生物多样性下降，生态系统结构和功能退化；另一方面，因极端干旱气象导致群落结构发生改变，物种间相生相克平衡破坏，为外来入侵物种入侵提供适宜的生境，使受灾区生物多样性下降，危及区域生态安全。

2010年西南极端干旱气象对生物多样性就产生了严重的影响，一方面极端干旱气象直接造成干旱核心区生物物种死亡，生物多样性优先保护区域中的大明山区、大巴山区和西双版纳区受旱情影响严重，干旱核心区面积占保护区域面积的20%以上，西南地区64个自然保护区中，17个自然保护区的生态系统受干旱影响明显，大部分保护对象受到较大影响；另一方面，极端干旱气象促使群落结构发生改变，入侵物种与本地物种的竞争平衡发生变化，对当地生物多样性构成巨大的潜在性威胁。

20世纪40年代，紫茎泽兰由缅甸边境侵入我国云南省，大多生长于无水和陡峭的山地，侵占性与抗逆性极强，林间、草地、沟边、路边均能生长，就是在干旱瘠薄的荒坡隙地、墙头、石缝里也能生长。据有关专家调查，紫茎泽兰现已蔓延到四川省西南部和贵州省西部，正以每年30公里的速度继续向北推进，主要沿着河谷及公路沿线传播，风、流水、车辆、人畜及苗木调运是其传播的媒介。

在干旱发生后，中国环境科学院的遥感监测结果表明，紫茎泽兰分布面积比例较大的云南省大理州、德宏州、保山市、昭通市和昆明市等区域受干旱影响较重，对紫茎泽兰入侵的抵抗能力减弱，可能出现紫茎泽兰在较短时间内快速扩散的问题；楚雄州位于特旱和重旱区，生态系统受干旱影响较大，可能导致旱灾后紫茎泽兰大范围扩散问题。此外，临沧、普洱、玉溪与红河州等市位于紫茎泽兰分布区的下游区域，有可能成为紫茎泽兰入侵潜在区域。

如何进行生态功能保护和脆弱生态环境修复？

以生态功能保护和生态系统恢复为重点，开展生态恢复重建规划；建立西南地区生态系统的中长期跟踪监测与评估系统，形成区域生态系统安全评估与预警能力。

极端干旱气象对生态系统的影响具有长期性和潜在性，如何进行生态功能保护和脆弱生态环境修复？

李俊生认为，一要以生态功能保护和生态系统恢复为重点，开展受极端干旱气象影响地区生态区划与生态建设规划工作。研究极端干旱气象影响下区域生态系统演替规律与适应性管理模式，开展以生物多样性保护、水源涵养和水土保持功能为重点的生态区划工作；针对干旱地区生态系统脆弱性特征与经济社会特征，开展生态恢复重建规划，为区域生态恢复与重建提供科学依据。

二要加强西南生物多样性热点区域的生物多样性保护研究，优化区域自然保护区格局，提高生物多样性保护效率；加强外来物种引入综合监管机制，降低外来物种入侵风险；从生态系统层次开展西南生物多样性资源的综合评估工作，针对不同保护对象，开展自然保护空缺分析与评估，优化生物多样性保护区域的空间布局，提高生物多样性保护效率；针对极端干旱气象可能引发外来入侵物种暴发的区域，开展重点监控与预防。

三要建立西南地区生态系统的中长期跟踪监测与评估系统，形成区域生态系统安全评估与预警能力。从国家层面上，建设生态监测与评估网络，形成区域生态监测日常运行能力。现阶段重点开展受极端干旱气象影响较严重的岩溶石漠化区、干热河谷区、陆地生物多样性保护优先区域和自然保护区跟踪监测，评估极端干旱气象对上述生态环境敏感区域、脆弱生态系统、重点保护生态系统和物种造成的影响范围和影响程度；评估极端干旱气象对水土保持、水源涵养和生物多样性保护等功能产生的影响，为区域生态恢复与生态预警提供技术支持。

四要针对受影响区域的生态环境脆弱性和生态系统功能特点，开展跨区域的生态补偿机制研究、干旱区生物多样性保护发展策略研究、干旱灾区节水型制度研究等，保障对重点受灾区域的持续投入，为受极端干旱影响区域的生态恢复和重建制定长效机制。

记者手记

西南地区是我国乃至南亚、东南亚地区的"江河源"，也是我国生物多样性保护优先区域和重要的生态屏障，同时又是生态脆弱地区。2009年8月以来，我国西南大部分地区连续遭受了罕见的干旱，导致区域生态系统安全受到严重威胁。突如其来的"百年大旱"无疑将对西南地区主要生态功能带来无法估量的破坏，面对着开裂的湖面，百姓求水心切的眼神，让我们不得不反思我国区域生态管理存在的体制等问题，解读大旱背后的生态之殇的背后，是反思，更是启示。

大事记

2009年 我国多省遭遇严重干旱 连续3个多月，华北、黄淮、西北、江淮等地15个省、市未见有效降水。冬小麦告急，大小牲畜告急，农民生产生活告急。不仅工业生产用水告急，城市用水告急，生态也在告急。

2008年 云南连续近三个月干旱 据统计，云南省农作物受灾面积现已达1500多万亩。仅昆明山区就有近1.9万公顷农作物受旱，13多万人饮水困难。

2007年 22个省发生旱情 全国耕地受旱面积2.24亿亩，897万人、752万头牲畜发生临时性饮水困难。中央财政先后下达特大抗旱补助费2.23亿元。

2006年 重庆发生百年一遇旱灾 全市伏旱日数普遍在53天以上，12区县超过58天。直接经济损失71.55亿元，农作物受旱面积1979.34万亩，815万人饮水困难。

2005年 华南南部现严重秋冬春连旱，云南发生近50年来少见严重初春旱。

2004年　我国南方遭受53年来罕见干旱　造成经济损失40多亿元，720多万人出现了饮水困难。

2003年　江南和华南、西南部分地区发生严重伏秋连旱，其中湖南、江西、浙江、福建、广东等省部分地区发生了伏秋冬连旱，旱情严重。

2000年　多省干旱面积大，达4054万公顷，受灾面积6.09亿亩，成灾面积4.02亿亩。建国以来可能是最为严重的干旱。

西南地质次生灾害频发背后

杨晓红

（杨晓红，《南方都市报》资深记者，《公益周刊》驻京总监，多年来关注环境公益领域，采写大量相关报道。）

摘要： 自2008年"5·12"汶川大地震之后，山高谷深的我国西南地区地质次生灾害频繁，已是不争之实。

地质次生灾害，通常指的是发生在山区的崩岸、崩塌、山体滑坡、泥石流、地裂、以及引发大洪水等系列自然灾害。它们在自然环境条件下，虽也有可能发生，但在遭受大地震等重大自然灾害后，其发生频率和破坏力往往都大为增加。

越来越频繁的地质次生灾害，无疑向人们敲响了一记记警钟：为什么山川大地变得越来越脾气暴躁？导致地质次生灾害频发的真正动因是什么？人们能应对地质次生灾害吗？或者该如何正确地应对地质次生灾害？

毕竟，半个世纪以来，我国西南地区从木头经济—水头经济—石头经济的发展模式，已经走到了应该重新审视的十字路口。

从成都出发，沿高速公路奔行近三个小时，就进入雅安市芦山县境内。下高速公路后，一条水泥公路细带子般向前无尽延伸，路两旁的山越来越陡。

在进入芦山县双石镇地界前，公路变得愈发狭细，弯弯曲曲地穿过两侧的高山凸岩。仰头，这段公路之上，只能看到一

怒江第一湾，未被经济大开发的怒江之美

条细缝似的天空。当地人将这条与外界唯一相通的公路，称之为"一线天"。2013年"4·20"芦山大地震时，两侧山体崩落，首先堵断的就是这段路。

其中，与"4·20"震中龙门乡一山之隔的双河村受灾严重，村中房屋大多损毁严重，村民至今仍住在临时搭建的帐篷内。茨竹坡村小组长马负林，指着村后山坡一大片崩落的山体称："大地震带来了一系列次生灾害，我们现在（的日子过得）很不安心"。

2013年5月，经成都地质机构现场查看，仅茨竹坡村附近，山体滑坡、崩塌等类似的地质次生灾害隐患点，就多达20多个。

雅安地震与汶川大地震一样，都是发生于青藏高原与成都平原间的龙门山断层带。如今，灾区一面积极开展灾后重建，一面加紧对大地震所可能引发的各种地质次生灾害进行排查与防

西南山地常见的雪山与大河

范。其中，一些重要的地质灾害次生点，目前都已经配备了佩戴红袖章的值班人员，随时观察山体地质的变化。毕竟，今年的雨季又快要到来了。

越来越频繁的地质次生灾害

其中，2010年全国发生的地质次生灾害次数之多，伤亡之重，堪称建国以来地质灾害最严重的一年。

在地质学家眼里，泥石流、崩岸、滑坡，往往就是地质次生灾害中形影不离的"三剑客"。它们常常结伴出现在我国西南地区，尤其是每年夏天的雨季时分。

没有亲历过这些灾难的人，似乎很难想象，这些地质次生灾害到来时，是何等的震天撼地，一泻汪洋——

2010年7月13日凌晨4点多，正是人们熟睡之际。位于金沙江支流牛栏江流域炉房沟河与银厂沟河交界的云南昭通市巧家县小河镇，在这个凌晨绝对没有想到：仅仅是连续下了几天雨，就会引来如此大的一场灾难——漆黑如墨的深夜，伴随着闪电暴雨，山洪泥石流暴涨，从上游河床一泻而下……

浑浊的泥石流，借着地势落差的威势，以15米高的巨浪，一举突破了小河镇外围的沿江堤防，挟带着上游山上滚落的巨大石头、树枝、泥沙、垃圾等一古脑涌入了小河镇街内。泥石流所到之处，房屋倒塌、车辆冲毁、人员伤亡。

第二天洪水稍稍退落时，小河镇绝大多数街道上都堆满了砾石、垃圾，荒若河道。

尤其位于炉房沟与银厂沟交界地带的建筑物，毁损严重，有几幢建筑基本被瞬间夷为平地。此外，还当场造成19人死亡，20多人失踪。当地人反映：越是挤占河道的建筑，在这次泥石流中越是损毁严重，"比如有个宾馆，建在银厂沟边，就几乎全毁，原来银厂沟河道宽15米，被它挤得只剩下3.5米"。

大渡河大转弯处的山势与独特地貌

时隔不久。同样是这个雨季。8月7日22点左右，位于甘肃白龙江左岸的舟曲县城，在连日阴雨后，这天深夜，当全县城4万多人渐入梦乡时，白龙江支流三眼峪沟里一股黑浊的泥石流却正在迅速形成……

当晚11时5分，县城居民张红红隐约听到他母亲大喊了一声，刹那间，他感到一股冷风扑面而来，等他打开手电筒一照，只见一股三丈多高、黑色巨蟒般的泥石流正冲出峪口。

张红红转身就跑，冲出谷口后的泥石流瞬间摊散开来，在身后汹涌而至，所到之处，屋倒树伏，吞噬一切。且一拨拨泥石流之后，接踵而至的巨大山洪，裹挟着盆子大的山石，如煮沸的开水一般再次向县城覆盖而下。

最终，从舟曲县城背后罗家峪和三眼峪沟冲激而下的两股泥石流，一次冲毁了三眼村、月圆村、春场村，以及县城部分地段，并在白龙江上堵成近200万立方米的堰塞体，江水回淹县城。其中33人死亡，63人失踪，直接经济损失达30多亿元。

舟曲泥石流灾难四天后，四川省绝大部分地区普降大雨，局部地方出现大暴雨天气。从当时的气象资料看，这场大暴雨主要分布在成都、德阳、广元、绵阳、雅安、阿坝等"5·12"地震的重灾区。暴雨让人忧心忡忡，暴雨也最终让这些曾经的地震重灾区，在雨季雪上加霜，再次引发了一系列泥石流灾难。

都江堰市龙池乡村民陈明回忆，距移民新村不远的龙池国家级森林公园，曾是20个国家级重点森林公园之一，总面积达48万多亩，核心景区就有4万多亩。该森林公园不仅是金丝猴、大熊猫、羚羊等的家园，被誉为"野生动物基因库"，而且还以世界140多个品种的杜鹃花谷而闻名。从地形上看，在高山拱映下，龙池国家级森林公园呈一马蹄形安卧于沟谷之中。

"5·12"地震后，该森林公园曾经局部恢复对外开放。但在这一年雨季，连续几天大暴雨后，周边山体泥石流再次一涌而下，一次性将整个龙池森林公园彻底掩埋。此外，绵竹清平乡、汶川映秀红椿沟泥石流也都在这次暴雨中二次成灾。

"2010年夏天，中国地质灾害特别集中，且主要分布在我国西部山区的灾害易发区，比如藏东南、川西——川南、滇西北——滇西、甘南——陕南等四大泥石流高发区"，四川省地矿局区域地质调查大队总工范晓老师根据国土资源部公布的数字，对这一年我国西部大型地质灾害进行了统计，发现2010年1月至10

大渡河边沿岸分布的梨花村落，已是下游金川水电站的规划淹没区。

月，全国共发生地质灾害30466起，造成2909人死亡或失踪。

"死亡和失踪数据，比上年同期多了5倍，"范晓表示，"这个非常可怕，可以说，这一年，堪称新中国建国以来地质灾害最严重的一年"。

地质灾害为何偏偏青睐西南山区？

山高峡深的西南地质地貌，为地质次生灾害提供了最初动因。即使没有外力影响，也会经常发生崩塌、滑坡、泥石流。

如果可以绘制一幅中国地质次生灾害分布图的话，那么，在这张图上，将会非常清晰地看到：绝大多数地质次生灾害，都发生在我国西南山区。

为什么偏偏就集中在这一区域呢？事实上，在地质学家眼里，这从来就不是一个问题，答案非常明确。而且大凡亲自到过西南山地的人，也可以很清楚地看到这个书写在大地上的答案。

我国西南地区，从地理构造上看，正处于青藏高原与四川盆地交界之处。早在第三纪，由于长途跋涉的印度洋板块北漂，与亚欧板块相撞并猛烈挤压，造成青藏高原原先存在的古地中海消失，青藏高原快速隆起，形成一系列高大褶皱山系，喜马拉雅造山运动因此形成并发育。至今，喜马拉雅山脉仍在缓慢上升之中。

其中，在延亘第三纪至第四纪的漫长地质年代中，隆起的青藏高原与四川古陆盆地反复摩擦，最终形成了南北向一系列岭谷相间的特殊地貌，这一地区又被泛称为横断山脉。

"西起西藏念青唐古拉山脉，然后东至怒江与澜沧江的分水岭他念他翁山，至云岭山脉、白马雪山、哀牢山、岷山、乌蒙山等，由西向东，这一区域跨越7条大河，地理位置涵括了藏东、滇西北、川东等50万平方公里范围。"杨勇称，我国西南地区这一片特殊的地理地貌，绝对是地球上的一大奇观。加之第四纪冰川时期，这一区域并未被大陆冰川所覆盖，因此成了各种生物的避难所，成为生物多样性异常丰富地区。

"人类还从未在这样的地理环境中，积累过大规模经济开发的经验。"作为国内唯一一个民间研究横断山脉的专家，杨勇对这一地区充满敬畏。

在西南山地，从地表看，从高辄7000米至8000米的巍峨雪山，到低至海拔1000米左右的江河峡谷，高低错落之间，山势更见雄浑博大，峡谷更显深坳神秘，这样的景观几乎到处可见。也正因为隆起与凹陷如此突显，垂直气候在这一地区发育齐备，往往从山脚至山顶，可以轻松跨越四季。"由于海拔落差巨大，山谷狭窄，岩层破碎，在自然条件下，地

云南东川市一带，明显污染的小江汇入金沙江。

球表面所具有的削高填低等自然能力，也会让这些地区经常发生崩岸、滑坡和泥石流。"范晓老师分析。

在金沙江中游的云南东川、四川惠东县一带，今年"江河十年行"调查人员沿江上溯，一路可以很清楚地看到小江口一带，金沙江两岸的高山峡口，分布着大小10多个交替的河口冲积扇。在这些伸向江中的冲积扇面上，井然分布着良田、村落和乡镇。"这些村镇就是因冲积扇而形成，某种程度上讲，没有频繁泥石流等带来的冲积扇，也不可能有后来的人居文化。"杨勇对这一带非常熟悉。

从2010年起，杨勇所在的横断山研究会曾集中三年时间，对这一片区域的崩岸、泥石流状况进行摸底大调查。"准确地讲，从上世纪80年代中期起，这方面的调查即已开始。"杨勇1986年参加长江第一漂活动时，就曾特别留意过金沙江两岸的崩岸遗迹，但当时来不及仔细调查。这一次，杨勇和他的团队采取或开车或徒步的形式，通过实地调查和

金沙江中游，干热河谷中明显可看到的泥石流冲积扇。

古籍查阅，共摸清了金沙江一带10多个古塌方遗址。

"如今生活在金沙江河谷的人，多半是明末清初的移民，对更远时代发生的事不了解，所以实地调查后，还必须大量查阅古籍文献的记载。"据杨勇透露，横断山研究会目前对金沙江一带的堵江体已基本查明，共找到虎跳峡、拉娃、王大龙、劳动乡、巧面洞、鲁嘎、普福、白沙坡、大坪、因民、石膏地等10多处特大型地质灾害遗迹。

"时间跨度最早可追溯至公元前200年，最大的堵江体高达300多米，完全就是江中屹立着的一座小山。"杨勇希望，自己团队历经艰险调查得来的科学论据，能对未来西南山地崩岸、滑坡、泥石流等自然灾害的研究及当地地质环境变迁，起到一定作用。

过度开发背后的人为因素

从上世纪50年代至60年代的大肆伐木，到90年代延续至今的

开挖矿山，以及随后21世纪的水电大开发、建路修桥等大型工程建设，每一次过度开发，都直接加剧了地质灾害发生。

近些年，越来越频繁发生的西南地质次生灾害，引起了国内众多地质学家关注。

范晓老师在整理完所有2010年发生的重大地质灾害事件后，分析认为：尽管西南地区特殊的地理环境，使其容易暴发崩岸、滑坡、泥石流等自然灾害，但自然环境变迁，大都有一个相对不短的循环周期，而人为因素，尤其近几十年发生在西南山区的各种过度开发，却大大加剧了重大地质次生灾害发生的频率和强度。

"比如山体植被损毁、水土流失，可以大大加强泥石流等地质灾害的发生，此外，高密度的架桥修路、开山挖矿、甚至对西南大江大河密密麻麻的水电梯级开发，也同时加剧了地质灾害的频繁发生。"范称。

在发生特大泥石流灾害的舟曲县，范晓老师通过调查发现：白龙江流域历史上就曾地质灾害频繁，比如舟曲县城下游5.5公里处的泄流坡滑坡，历史上多次滑动，最大崩岸塌方量达到6000多万立方米。1981年，泄流坡大滑坡，曾一次性将白龙江堵断，形成的堰塞湖，仅回水就将舟曲县城淹没了一部分。

此外，三眼峪、罗家峪两条沟，也都是历史上有名的泥石流沟。其中，三眼峪180年以来，共发生较大规模泥石流灾害11次。

而从实地踏勘来看，舟曲县城往下17公里江段范围内，就有13处滑坡，12条泥石流沟，其地质灾害的频繁可想而知。

但导致舟曲泥石流特大灾难的另外一个不容忽视的原因，则是半个多世纪以来白龙江领域的过度开发——

历史上，白龙江流域的舟曲县城，曾是著名的"塞上泉城，藏乡江南"。听当地老辈人讲，白龙江两岸曾经古木参天，山林葱翠，是甘南一带有名的"陇上小江南"。上世纪50年代至60年代，大炼钢铁时期，人们纷纷上山砍树炼钢，将众多山头焚烧殆

金沙江边的一处露天采矿区。这样的矿山在西南非常常见

尽；其后又通过国营林场，有组织地长期砍伐，将砍倒的大树沿白龙江首尾结筏漂流而下。

这样的场景，在西南大渡河流域、金沙江流域及其它大江大河流域，也莫不如此。

大渡河中游的汉源皇木镇，明初，大量的漂木曾通过大渡河源源不断地运往北京紫禁城，修建皇城，因此而得名"皇木（镇）"。50年代至60年代时，这一带的山林也尽遭砍伐。"当地人顶多砍大留小，不伐幼林，只有国营林场才会集体砍伐得如此干净"，大渡河边一干部称，50年代至60年代的森林大砍伐，造成西南山地普遍水土流失严重，并直接导致了1998年的长江大洪水。此后，国家开始在全国推行封山育林政策。

然而，在西南"木头经济"停止后，成规模的矿产开发又接踵而来。据杨勇等人针对龙门山地区的磷矿开采调查情况来看，主要分布于龙门山中段的磷矿开采区，现有36家磷矿山（含闭坑矿山1处）、上百座矿井、100多个大大小小的磷化工厂，使这一带已逐步形成了四川省金河磷矿、德阳昊华清平磷矿、天池企业集团、龙蟒集团、安县高川磷矿等众多磷矿山和磷化工企业，成为全国重要的磷矿和磷化工基地，总生产能力达到500余万吨/年。

经过长达60多年的持续磷矿开采，如今这些矿区面目疮痍，环境问题突出。比如由于采矿主要采用大面积破土方式开挖，采空后的山体又没有实行严格的充填措施等，结果导致矿区植被大量破坏，山上岩体松动，危岩处处，且动辄数百万吨的矿渣在坡地乱堆乱放。

"这些都为雨季泥石流提供了充足的物源，只要条件具备，马上就会形成崩岸、滑坡和泥石流"，杨勇及其团队通过调查，发现位于龙门山中段的这些磷矿开采区，恰恰也是崩岸、泥石流等地质次生灾害的最密集分布区，其矿山分布区与地质灾害分布区有着明显响应关系。"有时仅开山炸石、悬空采矿等工程行为，都可以造成大崩岸或山体滑坡。"杨勇称。

进入21世纪后，另一种大规模的经济开发活动进入大西南地区，那即是高投资高回报的水电大开发。

云南永善县
今年3月，一处水库移民安置点，人们当着工程监理的面，投诉移民建筑质量存在重大隐患。

在西南山区经千百万年发育而成的大江大河上，目前除了怒江尚属完整外，其余江河之上，无不砌满了巨大的水电大坝，一座一座首尾相连。"一寸水头都不愿放过"，范晓老师称这种密集式梯级水电开发，已经让原本一条条自由流淌的河流，变成了一个一个静态的梯级跳水盆。而按照国际水电开发惯例，至少要保留50%的自然流淌河段。

"西南几乎每一条江河

上，中小型水电站多由市县地方政府开发，大型和巨型水电站则由国企开发，这样一层层开发下来，大江大河也早就死了"，"自然江河上，除了一个危危乎央企，什么也没剩下"，杨勇很担心，万一这些层层下砌的水电大坝发生连锁溃坝，其产生的破坏力将无法想象——

西南江河上的一处大坝。类似的大坝在西南地区比比皆是。

"三峡大坝现在设计的流速是1万立方米/秒，千年一遇标准也是5万立方米/秒，然而溃决形成的洪峰，瞬时洪峰流量就可以达到几十万立方米/秒，那将是一种怎样的摧毁性力量？"杨勇认为，由于人类从未在这些地区开发的先例，所以这些大坝一旦出事，则极可能危及整个长江中下游生态。

自2008年汶川大地震以来，范晓和其他一批国内地质专家，则一直在明确提出：汶川大地震与岷江上游的紫坪铺大坝关系密切，很可能就是这一蓄水发电的大坝引发了大地震。

"汶川大地震后，从紫坪铺大坝地震监测台网所监测到的数据分析，建大坝后的地震密度、方位分布以及震中深度等，都可以说明与大坝直接相关"，范晓和相关专家发表了一系列论文，并强调，"水坝引发地震"的案例，如中国新丰江水库、埃及阿斯旺大坝等案例，都已是国内外地震学界公认的先例。

然而，遗憾的是，"水坝引发地震"这一观点，至今仍停留在学术争鸣阶段，依然未能引起足够重视。

迁移或原地重建是个问题

在崇山峻岭、层峦叠嶂的西南地区，人们对山区崩岸、滑坡、泥石流等地质次生灾害防不胜防，似乎无能为力，尤其在近些年重大地质灾害频发之后，迁移或原地重建越来越成为一个人们不得不面对的问题。

迁移，是一种避让，但不得当的迁移，依然会酿成重大灾难。

2010年7月27日晚上，大渡河边四川汉源万工乡移民安置点一片静寂。夜色中，村里一户人家刚刚亡了老人，劳碌了一天后，这家人除留下守夜的人，其他人也陆续安歇了。人们万万没有想到，一场突如其来的泥石流，竟在这个夜晚从村后的二曼山偷袭而来⋯⋯

"那家老人还没来得及入土，就直接被泥石流埋到了地下，还有村里刚刚兴建完工的移民房屋，也倒塌冲毁了一大半"，村民白秋林的家建在最靠山边，泥石流一来，白家几乎片瓦无存。"这些房屋建得辛苦，先是被水库移民移出来，还没等移民房屋全部建成，就是'5·12'大地震，大地震后这些房子又开始陆陆续续开建，结果未等村民完全入住，再

反复遭灾的四川汉源万工乡村民，向记者投诉各种移民问题

次被毁"，白秋林和村里约10多家村民，由于反复受灾，以及与当地移民局就安置问题上发生分歧，几年来，他们一直住在临时救灾帐篷或临时工棚内，生活极度贫困。

据万工乡村民反映，当初在移民迁建时，对迁建至二曼山山腰地带，村民一直反对。甚至在当地政府工作人员视察移民村建设工地时，有村民跪在政府领导面前，恳求不要建在这处山腰："因为历史上这里就多次发生滑坡、崩岸，上世纪80年代的一次大塌方，就曾将当地的一条公路全部堵断"。面对村民们的强烈反对，当地政府却在成都一家地质研究机构提出预防泥石流等地质次生灾害预案后，坚持认定移民村选址没有问题。

"有官员拍着胸脯说，出了事找政府。"白秋林事后回忆，事实上，那些花大价钱沿山修筑的防护堤，在泥石流冲下来时，根本无济于事，不堪一击，终于二度成灾。

"从万工的个案来看，对西南山区常见的崩岸、滑坡、泥石流采取简单的避让迁建，其实不一定是很好的应对之策。"范晓老师在"5·12大地震"后，通过对大量受灾地安置现状研究后，提出："顺应自然""因地制宜"，或许是一种更好应对地质灾害的办法。

范晓老师介绍，2008年"5·12大地震"后，汶川、青川等重灾区，一度围绕迁城之争，也曾沸沸扬扬。据地质专家考证，汶川县城所在地——威州镇，地处岷江上游的水陆要冲，在此建城已有上千年历史。且过往历史已经证明，这块处于岷江与其上游杂谷脑河汇流

原长江第一码头宜宾新市镇已因水库没入水底，岸上是新建孤城。

处的河岸阶地，已经具备了相当好的城市建设环境与条件，只要不超出环境容量，不盲目扩大建设用地范围和城市规模，就可以避免许多地质灾害的威胁。

"这是老祖宗的智慧选择，如果有更好的地方，想必N多年前，人们就已经选择了在其它地方建城"，范晓分析，如果按大地震后引起争议的一种方案来做，即将新汶川县城迁往拟议中的都江堰市玉堂镇，则相当于在远离汶川县的成都平原上，划出了一块"飞地"，用设在这里的"治所"，去管理并不能迁移的汶川旧县域，"这和当初避险搬迁的初衷，实在相去甚远"。

人们在应对地质灾害时，尤其是重大地质灾难发生之后，出现失误的案例，也绝不止汉源万工乡一处。早在上世纪50年代，为了靠近川西北的中心城市绵阳，北川县城就曾将县城所在地，从治城禹里轻率地搬迁至位于龙门山主中央断裂通过的曲山镇。迁移之后，结果北川新县城地震不断。1958年，当地遭受了6.2级大地震，当时人们就多次呼吁：将县治所在城重新迁回禹里镇，然不得其愿。

"结果，'5·12'大地震中，北川县城所在地曲山镇遭遇灭城之灾，成为唯一一个放弃原址重建的县城。"范晓老师后来对将北川县城整体迁移至汉族聚居的原安县境内之安昌江平原，也颇觉不妥（因为治所远离了其所依赖的羌文化区）。"最理想的北川县城重建选址，其实应该就是回迁至最初故里——禹里镇。"他认为。

"城市的选址与规划，都要充分考虑地质环境，包括城市建设用地的容量与地质灾害的危险性评估。一定区域可容纳的城市规模都是一定的，如果超过这个环境容量，在不适合建筑的地方扩张建设城市，肯定会将这个城市置于一种危险的环境之下"，"但这并不意味着，只要这个区域有地质灾害，就一定不能建城市，一定要搬迁，而是说这个规模是要控制的，要做很好的规划，比如有些地方历史上就是泥石流沟，就应该评估（泥石流）影响范围有多大，应该采取怎样的防治工程，这些都需要认真考虑"，范晓对他的理论相当有信心。

他举例，比如世界许多地质灾害密集的高风险地区，在人口密度也很大的情形下，依然创造出了高度发达的人居聚落。"像日本就是一个很好的例子，在地震、火山、海啸、泥石流等自然灾害频发的背景下，也同样创造出了高度现代文明。"

让"江河十年行"调查人员失望的是：在连续将近20天、5000多公里的西南山区调查中，大江大岸之上的粗放式矿产开发、水体污染、水电梯级开发仍在如火如荼之中。有节制的可持续发展，似乎仍遥不可及。

"这些年一到雨季，我国西南山区屡屡发生的地质次生灾害，无不是一声声警钟，半个多世纪以来，中国人应该对自己的经济发展模式进行反省，是时候了。"今年5月，在京召开的一次环保研讨会上，一位德高望重的白发老专家在发言中反问，"不管出于什么原因，为后代子孙，我们有义务留下一条自然流淌的江河，这个要求过分吗？"

（本文图片提供／杨晓红）

2012"江河十年行"纪事

汪永晨

（汪永晨，中央人民广播电台资深记者，环保组织"绿家园志愿者"召集人）

摘要： 2012年，是绿家园"江河十年行"的第七年。2006年我们发起"江河十年行"，其目的是希望以记者的视角记录日益变化中的中国江河。同时，希望通过信息公开和公众参与，影响中国江河保护与发展的公共决策。

"江河十年行"关注的是中国西南的六条大江，岷江、大渡河、雅砻江、金沙江、澜沧江、怒江。"江河十年行"同时关注与记录的还包括住在这六条大江边的十户人家。

七年来，我们关注的怒江虽然勘探不断，但大江还在自然地流淌；金沙江上我们关注的两个没有通过环评的电站，曾一度被国家环保部叫停；当然，我们记录更多的还是一个个被大坝拦腰截断的大江。

关键词： 水电开发　清洁能源　地质灾害　移民　世界自然遗产

这是鱼苗存活不可或缺的激流

1. 小南海箭在弦上

2012年的"江河十年行"，我们第一次选择走进了长江边的小南海。三年来，中国民间环保组织一直在为这个长江珍稀鱼类"生孩子"的江段不应该建水电站而大声呼吁。

小南海，虽然我们关注并呼吁已经三年了，可是2012年3月20日晚上，我们一到这里，就听刚刚和上海电视台一起采访当地人的重庆民间环保组织绿色志愿者联合会的吴登明告诉我们，当地老百姓并不知道小南海要建电站，只是有些道听途说的消息。直到我们去的这天下午，小南海电站要建的地方——中坝岛的村里才召集党员开会，说要建小南海水电站，说了一些有关移民补偿的政策。

不过，这个会记者和老吴都没能进得去。

老吴说，当地有村民告诉他们，没有人通知过他们什么时候要搬迁，要搬到哪里，也没有贴安民告示。村里的墙上有一个通知，说的是要测量土地并征用，但征用土地做什么，没有说。

老吴还告诉我们，当地老百姓说，作为三峡大坝的库尾，到目前为止，一些果树、青苗的赔偿费到现在都还没有拿到，就又要修大坝了，这次可要找地方去说说理。

2012年3月21日，我们踏上了小南海电站要建的地方——中坝岛。3月的岛上，黄的黄，绿的绿，一派生机。

岛上除了有庄稼，还有一个制药企业和重庆最大的发电厂珞璜电厂。

让我们有点出乎意料的是，虽然听说过这里有一个坦克试验基地，却没有想到，我们在那里时，坦克在试验地就那么频繁地来来回回开着，我们拍照也没有被制止。

站在这个被环保人士关注了三年的岛上，地质学家杨勇说："无论从哪个角度来看，在这个岛上建电站，都不划算。要说用电，媒体上已经有报道，三峡的电会给到重庆的。"

此外，在紧邻重庆的长江上游，还有多个大型甚至巨型水电站正在建设之中：金沙江下游干流上有乌东德、白鹤滩、溪洛渡、向家坝等十个电站在建，总装机容量高达5405万千瓦；

大渡河干流上有双江口、猴子岩、长河坝等十三个电站正在修建，总装机容量达到1632万千瓦；

雅砻江干流上有两河口、锦屏一级、锦屏二级五个电站在建，总装机容量达到1410万千瓦；

乌江干流上有彭水、银盘、白马等七个电站在建，总装机容量达到831万千瓦，共计9278万千瓦，相当于4个三峡工程。其中装机容量达到265万千瓦的彭水、银盘、白马等三个电站即位于重庆市境内。

这些未来十年内将投入市场的电力，绝大部分都是以外送或东送作为市场定位的，重庆市完全可以通过这些电源来解决能源增长的需求。装机容量175万千瓦的小南海电站与上述电站相比，其规模也仅是九牛一毛。

杨勇说：要说经济效益，小南海水电工程成本高，收益低，风险大。小南海水电站装机容量175万千瓦，分别为三峡的

7.88%，溪洛渡的12.73%，向家坝的27.56%；但是它的单位装机投资却高达13553元/千瓦。是三峡的近三倍！在这里建电站，为什么要花这样的代价，却只有这样的回报呢？

长江委原水资源保护局局长翁立达当天站在就要建小南海电站的中坝岛上，更是焦急地告诉记者：

长江上游的多种珍稀特有鱼类如白鲟，达氏鲟，胭脂鱼等都是适应流水环境的洄游鱼类，他们需要在较长的自然河道里生活、繁衍；包括圆口铜鱼、长薄鳅在内的众多经济鱼类的鱼卵则要在流水中漂流足够长的距离才能孵化。

从某种意义上说，长江上游珍稀、特有鱼类国家级自然保护区在功能上原本就是不够完整的，如今更加局限，而保护区重庆江段（如今拟建小南海水电站区域）正是这些珍稀鱼类不可或缺的生态通道。

一旦小南海水电站开工建设，将形成一道巨大的物理屏障，堵住了洄游通道，长江上游的鱼类将再也没有喘息的机会。

大量研究表明，水坝是造成全球近1/5淡水鱼类灭绝或濒危的主要原因。

这里是长江里珍稀鱼类的通道

我们一行人在岛上采访时，看到了已经搭建起来的准备用于三通一平奠基仪式时的主席台。我们问当地人这是干什么用的？一位老大爷一脸的官司对我们说：不晓得！我们说，是不是要在这里建电站

不晓得

了？还是那句话：不晓得！老人一连给了我们五六个不知道，显然是带着情绪的。

如果真的像网上和当地有人传说的，小南海电站的"三通一平"开工典礼将在2012年的3月29日，那么只剩8天的时间了。可当地人几乎是众口一词，没有人告诉过他们这里是不是要修电站了，修了电站他们要去哪里，什么时候去，怎么补偿。

确实如老吴昨天告诉我们的一样，当地人对要修小南海电站真的不知道。

不过，倒是有一个年轻人说给过他们一张表，说是一人赔10万多元钱，每人30平方米住房，但是因为给得太少了，当地人光是种菜一项，一年平均就都能挣到14万至15万元。所以，没有人签字。

一位记者甚至在采访中听到了这样的说法：别说我们农民不知道，市领导现在知道什么时候建小南海电站吗？

就在村民们问啥都说不知道时，我们走进一户人家，极为意外地发现了没想到能看到的东西。什么呢？用于小南海三通一平奠基仪式时用的展板。

我们把这些展板一块块搬运出来，细细地看起来。长江委前水资源保护局局长翁立达，更是边看边从图上给我们指出小南海自然保护区被修改边界的范围。

翁先生站在这张被修改了的自然保护区的图前对记者们说：

"这里是长江珍稀鱼类的通道，这里的水位提高后，漂浮的鱼卵没有激流冲击，就会沉到水里无法存活，这对长江珍稀鱼类是灭绝性的破坏。"

翁立达先生还特别说了，自然保护区被修改边界，是中国民间环保组织三年来持续关注的事。

2012年初，中国环保组织还为小南海电站的修建，致信长江水资源保护科学研究所并抄送中国长江三峡集团公司，信的标题是"关于慎重看待重庆长江小南海水电站'三通一平'工程环境影响的函"。

我把信中的一些内容抄录下来，也请读者们看看中国民间环保组织说的是不是有道理。

长江水资源保护科学研究所：

近日贵所通过网站公示《重庆长江小南海水电站"三通一平"工程环境影响评价公众参与信息公告》，邀请公众就此工程发表公众参与意见，表现了贵所对于大型水利工程环境影响评估工作的严谨态度，和对公众环境知情权、参与权的认真对待与支持。

没有人告诉过我们要修水电站，都是传说的，赔少了我们不走。

环保组织长期以来基于长江保护的工作，对重庆市内计划修建的小南海水电站保持关注。希望贵所能够重视该水电项目可能带来的不可逆转的生态影响，客观真实的陈述开发该水电项目将带来的环境和社会代价。

长江是世界水生生物多样性最高的河流之一，也是中国水生

鱼洞街道办事处大中村关于使用移民生产安置资金购置商业用房的公示

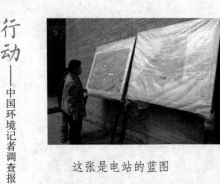

这张是电站的蓝图

被修掉的保护区范围

生物最为丰富的河流；然而小南海水电站项目的建设，极有可能让众多仅存在长江中的珍稀特有鱼类面临灭顶之灾。

从2009年起，关于小南海水电站建设倒逼长江珍稀特有鱼类保护区边界调整缩小范围的争论就为公众所关注，包括自然之友在内的多个环保组织就密切关注长江上游珍稀特有鱼类国家级自然保护区的动态，向环保部，农业部等相关部门申请关于保护区调整一事的信息公开，并通过媒体呼吁更多的人关心长江珍稀特有鱼类的命运。

在多次的沟通和交流以及媒体所披露的信息中，重庆市始终强调保护区调整主要是为了重庆市市区的发展，而相应淡化小南海水电建设的需求。

2011年12月，国务院最终通过了该保护区的调整：将松溉镇至马桑溪大桥水域调出保护区，将石门镇至地维大桥由缓冲区调为实验区。而这一区域，就是在葛洲坝、三峡及金沙江下游一系列水利工程建成之后，岌岌可危的长江上游珍稀特有鱼类最后的家园——小南海江段。

在此之后仅仅不到3个月，贵所的网站上就看到了重庆长江小南海水电站"三通一平"工程环境影响评价公众参与信息公告。可见保护区的调整，真正的原因正是为了给小南海水电站建设让开道路。我们认为保护区边界修改的原因、程序和决策过程仍然存在很多疑问，有待进一步审核。因此，小南海水电站"三通一平"的进程应该特别审慎。

"三通一平"倒逼实际架空水电主体项目环评。

2005年，原国家环保总局和国家发改委联合发布《关于加强水电建设环境保护工作的通知》，从而将完整的水电开发建设项目环评工作一分为二，在整体项目尚未获得环评通过的情况下，就允许三通一平工作的环评开展，以及上马。而三通一平的环评审批因规模较小，往往由地方政府把关，经常会受制于经济冲动而不能客观公正的进行；另一方面三通一平一旦通过开始建设，为了保障前期投资不致打水漂，主体工程——真正带来重大环境影响的建设项目就很难回头，而对主体工程进行的环评则被架空。由此形成了"三通一平"倒逼主体项目，地方倒逼中央的颠倒机制，使得主体工程环评的预防作用大打折扣。而且我们认为，在国家经济经历了之前两个五年规划的快速发展时期，十七大以来，胡锦涛总书记提出了促进经济又好又快发展的精神。这正是看到国家经济应该更好地重视质量和速度的双赢。让"三通一平"先行于主体工程上马的做法也到了值得商榷的时候了。

　　在这种不合理的环评机制下，贵所承担的"三通一平"的环评工作，实际上所决定的已不仅仅是前期建设工作本身是否会带来重大的环境问题，而是影响了整个水电建设项目的留存问题。

　　同时，本项目对于长江鱼类所带来的重大的生态环境影响已经成为业内共识，小南海水电站能否上马实际上存在重大的社会争议；小南海水电站一旦在主体项目环评过程中被质疑而搁置，三通一平前期工作和资金投入都将失去其价值，而造成重大浪费。

　　因此，环保组织在此强烈建议：希望贵所客观面对"三通一平"实际具有的程序意义，力陈该水电项目潜在的环境风险和生态危害，重视公众要求鱼类保护和生态完整的呼声，并广泛征求环保组织、公众代表以及生态和水产专业人士的意见，完成一份为历史负责的报告编制。

　　我们期待着该环评报告的公示，并将在研读后提出进一步的意见。

如果要修小南海电站，这里就是水库的库尾

3月29日，对中坝岛意味着什么？对小南海意味着什么？对长江里的鱼又意味着什么？

"江河十年行"仅仅是通过媒体的视角记录江河的变化吗？站在中坝岛上，看着那个搭起来的大铁架子，我想到北京还有那么多朋友在用他们的笔上书、用他们的学识向公众阐述、用他们的声音向有关部门呼吁。

只要努力就有希望，我这样告诉我自己。

"江河十年行"还在行走。小南海牵动着太多环保人的心，明天我们会继续关注长江中仅有的三个岛中的中坝岛，以及生活在那里的人为什么会说：有国家才有我，没有国家也就没有我了。

2. 鱼的"产床"

2012年3月21日，"江河十年行"走进了重庆小南海。即将就要建大坝的长江中的中坝岛上一派生机。春耕时节，菜农们忙着种菜买菜。他们说，光卖菜一家的收入有十几万。要是贩菜苗，挣七八十万也是有的。

菜农们说起自己的收入一点也不隐晦，坦坦荡荡地充满了自豪。一小把香菜能卖到七八十块！

我们这儿的菜卖得出价

要这么贵，我们听得都有点不信。可这么自豪地说给我们听的，不是一个两个菜农。如果中国的农民都能过上中坝岛上农民这样的生活，他们还愿意外出打工吗？和他们聊时，这个念头突然钻进了我的脑海。

中坝岛上的人富裕，而这里更是长江珍稀鱼类的鱼道。

长江水系有鱼类约370种，其中上游江段约有260多种，这些鱼类绝大多数为我国所独有、适应于长江自然水体生态条件的特有物种。据国际动物学会秘书长、国际野生生物保护学会中国项目主任解焱介绍，"小南海的范围是我国特有鱼类最为丰富的地区，同时也是我们国家现在受威胁物种种类最多的区域。"

《第一财经日报》首席记者章轲最近撰文：四川省地矿局区域地质调查队总工程师范晓介绍，为了保护好长江上游珍稀特有鱼类的生物资源和生产环境，减轻因三峡工程建设带来的不利影响，1997年，四川省在长江上游干流的四川合江至雷波段，建立了长江合江——雷波段珍稀鱼类省级自然保护区，2000年升格为国家级自然保护区。

然而，随着金沙江干流梯级电站群的上马，金沙江下游向家坝、溪洛渡两个大型电站又侵占了这个国家级自然保护区的核心区与缓冲区，迫使保护区在2005年由原来的合江—雷波段向下迁移调整至重庆三峡库区库尾至宜宾向家坝坝下的江段，并增加了赤水河干流以及岷江干流的宜宾至月波江段作为补充，保护区更名为"长江上游珍稀、特有鱼类国家级自然保护区"。

白鲟，中国国家Ⅰ级保护野生动物，俗称象鱼、象鼻鱼、琴鱼、朝剑鱼、箭鱼、柱鲟鳇、琵琶鱼，古名鲔，是世界上最大的淡水鱼，也是长江特有种。一般体长2米至3米，体重200千克至300千克，最大者体长可达7.5米，体重1000千克。

拉丁文种名：Psephurusgladius Martens；英文名：Chinese paddle fish。

1996年被国际自然保护联盟（IUCN）列为红色目录极危种（CR），1998年被列为"国际濒危动植物种贸易公约"（CITES）附录二的保护物种。是目前最为濒危的鲟鱼种。

白鲟是中国特有的大型经济鱼类，是世界上仅存的两种匙吻鲟科鱼类之一（另一种是分布于北美密西西比河流域的匙吻鲟）该科鱼类在鱼类起源、演化与地理分布研究上，有非常重要的科学价值。

以1996年被列为国际自然保护联盟（IUCN）红色目录极危种，1998年被列为"国际濒危动植物种贸易公约"附录二保护物

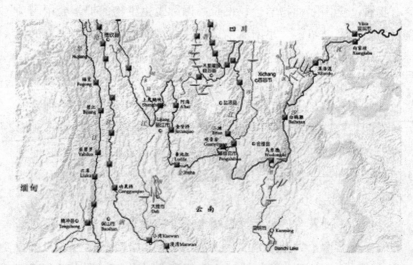

长江上的红点选自"小南海紧急"PPT

种的达氏鲟为例，对于这种在80年代以前还和中华鲟存在同名异物混乱状况的珍贵大型鱼类，三峡库区和保护区重庆段不仅是其重要栖息地，在保护区重庆段的核心区还存在达氏鲟的产卵场。

人民生活的富足和江里鱼类之独特，就是我们所到的中坝岛的特色。和村里人聊天时，一位在岛上电厂工作的小伙子告诉我们：我小时江里的鱼，两个人扯着衣服的角放在水里，就能抓到鱼。鱼在江里产卵，我们都能在江边的草丛里看到鱼卵。

可是，现在岛上过的日子却少了几分踏实。道听途说地知道岛上马上就要建大坝了，可自己将要被搬到哪儿，怎么搬，他们却全然不知。甚至有人这样问我们："你们知道让我们搬到哪儿吗？"

尽管这样，岛上和我们聊的人不说这个，大多数还会说：我们是国家的人，没有国家哪有我们。国家要建我们能不支持吗？

我们中有人说：建坝的不是国有，是水电公司。

当地人说："干那么大的事，公司也是国家的。"

当地的老百姓太相信国家了。尽管修三峡大坝他们也受到了影响，国家答应赔偿，可至今赔的和当初说的有很大的差别。岛上的人这样认为："国家是赔了，只是有些当官的太歪，给贪了。"

今天，要面对现实的除了人还有鱼。

地质学家范晓介绍：上世纪开工建设的葛洲坝和三峡工程，阻断了长江大多数鱼类的洄游通道，淹没了大量的鱼类产卵场，并极大地改变了长江鱼类的栖息环境。

"国外大量的研究表明，水坝是近百年来造成全球9000种淡水鱼类近1/5遭受灭绝、受威胁或濒危的主要原因。"

中国水产科学研究院贾敬德研究员此前也指出，我国在长江干流上修建葛洲坝和三峡大坝后，对多种洄游性和半洄游性鱼类的资源造成了不利影响，"特别是对江海洄游的我国特产珍稀鱼类中华鲟，更是造成灭顶之灾。"

为了缓解三峡大坝对于长江鱼类的影响，2000年国务院批准建立长江上游合江至雷波段珍稀鱼类国家级自然保护区。即便这样，仍然没能阻挡长江鱼类生物多样性消失的步伐，据科学计算，长江中华鲟亲鱼的数量正在以每10年下降50%的速度减少。根据环保部的监测报告《2010年长江三峡工程生态与环境监测公报》，2009年坝下鱼苗径流量仅为蓄水前（1997-2002）平均值的1.7%。

中科院鱼类专家曹文宣院士等多名专家学者都曾表示，小南海国家自然保护区是长江的生态通道。这里是修建鱼道或其他任何过鱼设施所不能取代的。

长江委原保护局局长翁立达站在中坝岛上和记者们说：小南海，这一段是珍惜鱼类的产卵带。这里有激流沙滩，这里有卵石，鱼产子喜欢这样的地方。这是鱼的种质交流的场所。人类不能近亲结婚，鱼也一样。长江这一段为鱼类种群的健康繁殖提供着重要的保障。

为缓解三峡影响建立珍稀鱼类保护区

- 根据三峡工程建设保护规划，建立了长江合江—雷波段珍稀鱼类自然保护区。
- 2000年4月，经国务院批准将该保护区升格为国家级自然保护区。对避免白鲟、达氏鲟、胭脂鱼的灭绝有重要意义。

三峡大坝淹没600公里江段的鱼类产卵场
- 造成"四大家鱼"鱼苗发生量减少90%以上。
- 约40种鱼类受到不利影响，约占上游特有种数40%。

翁先生说：从2005年至现在，长江宜宾带的江段每年有几十万，上百万死鱼。渔民向政府反映，但没有明确答复。

老渔民说：很怪的，死的都是表层鱼，中层下层死的不多。长江上另一梯级大坝向家坝电站截流以后，这种死鱼现象更为突出。2008年以后，鱼类患气泡病，鱼鳞鼓起来的现象也越来越多。嘉陵江草街电站那的鱼类也有这个现象。这和三峡大坝每年夏天排洪有没有关系，现在还没有说法。

生活在武汉的翁立达告诉记者：现在武汉的夏天都不敢游泳了水太冷。大坝泄洪时，江底水"翻出来"流下来水温很低。

2005年，为了修建溪洛渡和向家坝两个世界级的大坝，保护区被"掐头"无奈向下调整。导致90%的白鲟（天然）产卵场，50%的达氏鲟（天然）产卵场被淹没。

2011年12月，国务院最终又通过了小南海自然保护区的调整：将松溉镇至马桑溪大桥水域调出保护区，占保护区面积的20%。将石门镇至地维大桥由缓冲区调为实验区。而这一区域，就是在葛洲坝、三峡及金沙江下游一系列水利工程建成之后，岌岌可危的长江上游珍稀特有鱼类最后的家园——小南海江段。

有人称，再次修改保护区，等于又让保护区去了尾。这无疑将给长江珍稀特有鱼类带来致命一击。

2012年全国"两会"上有关小南海有这样一个建议案：

重庆长江小南海水电站建设得不偿失

《重庆长江小南海水电站"三通一平"工程环境影响评价公众参与信息公告》日前发布，首次征求公众意见期限为2月23日至3月3日。

建设小南海水电站既不科学，也不经济。该电站一旦建成，不仅有可能阻断长江上游珍稀特有鱼类迁徙繁衍最后的生态通道，对长江上游的水生生态系统将造成毁灭性影响，带来高昂的生态代价，也由于该水电站却既没有重要的能源战略意义，更没有突出的经济效益，所以，重庆长江小南海水电站建设得不偿失。

建议国家有关部门和重庆市政府慎重决策，避免因开发建设造成的无法弥补的破坏和巨大浪费。

建议：

1. 慎重对待长江上游珍稀特有鱼类保护区国家级自然保护区范围的调整，停止小南海水电站"三通一平"论证和施工，重新评估小南海水电站建设的利弊得失。

长江上游珍稀特有鱼类国家级自然保护区是长江河流开发重压下的鱼类保存最重要和最后的庇护所。恳切建议，严格依法保全长江干流唯一的国家级鱼类保护区，禁止任何破坏行为，为子孙后代留下宝贵的水生生物多样性资源。

2. 召开公民听证会

长江上游珍稀特有鱼类自然保护区涉及四川、重庆、贵州、云南四个省市。重庆市擅自进行水电站建设，恐产生连锁反应，最终使保护区名存实亡。应当充分重视公众意见，采用听证会这种最能够进行深入讨论和分析的形式来进行公众参与。

3. 充分采取措施，保持自然保护区的完整性和生态功能。

自然保护区是中国长期的生态安全和经济发展的重要保障，也是中国对全人类、对地球家园负责任的国家形象之体现。建议根据中央有关精神和相关法律法规，以此保护区为重点案例，进行全国自然保护区管理与保护的转型调研和工作，并着手加强保护效果，避免因开发建设造成的破坏。

重庆绿色志愿者联合会的吴登明可以说是中国最早的民间环保人士。可是在小南海是否能建坝这个问题上，有人对他的做法表示难以理解。在中坝岛上时我问他，老吴，有人说你支持小南海建电站？

老吴说，三峡大坝建成以来，作为库区，重庆人承担了太多。虽然一会儿大旱，一会儿大涝，还拿不出科学数据证明就与三峡大坝有关。可现在重庆有十几个国家级的贫困县，小南海电站，可以说是重庆目前最大的经济发展的亮点。重庆太穷了。

我在微博上写了老吴的话后，有人说：电站真的能产生GDP

吗？它的负面影响环保人士不应该看不到。

可我还是觉得作为重庆人，老吴说的：理解，也是我们不应该忽视的一面。我理解老吴。

在中坝岛上，我问翁立达，中科院院士，中国鱼类的大牌专家曹文宣为什么会在调整小南海自然保护区的方案上签字？我上世纪90年代采访他时，

远处的大架子为小南海电站三通一平开工奠基仪式而建

他就让我们记者呼吁三峡上游鱼类的保护。

翁先生说："曹院士直接和我说过四次小南海自然保护区如何重要，那里不能修大坝。可他是不是签字了，为什么签字我也不知道。他一定有他的难处。"

小南海修大坝，真的让那么多人为难吗？

长江特有珍稀鱼类正处于生死存亡关头。因为一系列巨型大坝切断长江，特有珍稀鱼类只剩最后一个避难所了。现在修重庆小南海水电站要是修了，这最后一个保护地也没有了。

部分科学、环保工作者大声疾呼：不要因一个工程而将数十种存在数十、数百万年的生命物种屠戮一尽。他们的呼吁和严峻的事实，似乎也尚未改变有关部门的决策。对于大部分人来说，长江鱼类离他们似乎太远了，"鱼类灭绝，与我何干？"

3. 岷江与金沙江在这里交汇

2012年3月22日，"江河十年行"一行人带着惆怅离开了小南海。不知下次再来时，中坝岛是不是还屹立在长江上，也不知那里的百姓是不是还能在岛上过着靠种菜一年挣十几万，一捆香菜

卖80块钱的生活。

3月的重庆，地里的油菜花开得正欢。今天我们从四川的泸州走到了向家坝水电站所在地绥江县。

第一次停车是在宜宾，岷江和金沙江的汇合处。金沙江再往下就叫长江了。长江从青藏高原走来。岷江源头位于川西北松潘县和九寨沟县交接的弓杠岭，因其岭如弓之杠得名。这里垭口海拔3690米，藏语意思为"都喜欢山"。

遗憾的是，就在我们一路走一路感叹油菜花给大地披上新装之美的同时，我们也看到一个接一个的企业横在金沙江边。

常常有人问我，江上挖沙怎么了？记得一位科学家给我形容过，江河就像我们人体有血有肉一样。沙子对稳定江河的地质结构起着重要的作用。此外，江中的沙子还是水中的营养物。如此重要的自然生命，这些年来就被我们人类的"大手"—"手"—"手"地挖走了。

不过，2006年我在澜沧江源头采访时，一位当地人也问过我："我们也要盖房子住呀，就许你们城里人住高楼大厦，我们从江里取点沙子盖房子就不行啦。"

问题是，挖也不能乱挖。"江河十年行"的同行者艾若刚刚从鄱阳湖考察回来。他说南昌一座座大桥下的江里和鄱阳湖上都是挖沙船。从江中挖沙是要有许可证的。那么多的挖沙船显然不

春天走进长江边的田间

会都有许可证，那就是违法。为什么这些挖沙的人就敢知法违法呢？

我们人类对大自然的破坏，有因不懂大自然而为的，也有明知而做的。明知会破坏还去做，或说还敢去做的，这就是我们要跟踪调查与记录，并希望影响并制止的了。

知道我们2012"江河十年行"走金沙江上的水电站，一位网友给我发来一篇文章——《评估中心赴金沙江下游开展水电环评调研》。

文章中说：为深入贯彻吴晓青副部长提出的"生态优先、统筹考虑、适度开发、确保底线"水电开发环境保护十六字方针，2012年3月5日至10日，评估中心刘薇副主任一行五人对金沙江下游4座水电站环评情况进行了调研。实地考察了处于施工阶段的向家坝和溪洛渡水电站、前期准备阶段的白鹤滩水电站以及长江上游珍稀特有鱼类自然保护区等。了解了向家坝、溪洛渡水电站工程建设阶段环评批复措施落实情况，白鹤滩、乌东德水电站前期准备阶段工作和相关科学研究及环评进展情况，并与中国长江三峡集团公司等相关单位就流域水电开发生态保护工作进行了座

从江上索取

向家坝电站

谈。

根据调研，建设单位在金沙江下游水电开发工作中，能够按照"三同时"要求，基本落实了环评文件及批复提出的各项环保措施。

但现场考察中也发现了一些问题和不足，主要表现在电站装机规模发生变更、向家坝马延坡砂石骨料废水处理系统目前尾渣库淤积严重无法发挥作用、自然保护区核心区内尚存采沙和旅游经营等不符合国家自然保护区管理条例现象等。

针对以上问题，座谈会上调研组提出向家坝和溪洛渡水电站应按环评批复要求进一步落实和完善各项环保措施，并做好蓄水阶段验收的各项准备工作，按程序向相关部门履行装机规模变更手续，乌东德、白鹤滩水电站应抓紧完成各项专题研究工作等建议。

向家坝水电站，是金沙江水电基地下游4级开发中的最末一个梯级电站，上距溪洛渡水电站坝址157公里。地质学家杨勇称这两座大坝："首尾相连"。也就是说，要不放过一个水头，充分利用水资源。

向家坝坝址位于云南省水富县（右岸）和四川省宜宾县（左岸）的金沙江下游河段上。左右岸分别安装4台80万千瓦机组，装机规模仅次于三峡、溪洛渡水电站，目前为中国第三大水电站。向家坝电站装机容量640万千瓦，向家坝加上1386万千瓦的溪洛渡水电站，其总发电量约大于三峡水电站。

百度网上对向家坝的介绍有这样一段：向家坝、溪洛渡电站建成后可以解决三峡最大的心病——泥沙淤积。专家认为，金沙江中游是长江主要产沙区之一，多年平均含沙量每立方米达1.7公斤，约为三峡入库沙量的1/2。利用金沙江输沙量高度集中在汛期的特性，合理调度可使大部分入库泥沙淤积在死库容内。而溪洛渡正常蓄水位达600米，死水位高达540米，拦了泥沙后不影响电站效益。据分析计算，溪洛渡竣工投用后，三峡库区入库含沙

在这儿住了两年的孩子

量将比此前天然状态减少34%以上。

同行的地质学家杨勇并不这样看，他认为向家坝的拦沙功能并不大。而地方政府向三峡公司争取到的1000万亩灌溉功能却是这个大坝能真正为当地人谋利益的作用。

杨勇当年漂流长江时最深的印象是，这里有个直径17米的大漩涡，水流十分湍急。如今建了大坝，这里水的激情，显然是见不到了。

我们在路上停下来采访了这个向家坝的移民村，因修电站公路，村民们已经在这里住了两年了。用他们的话说，这些棚子式的屋子是他们自己建的，也有人一月花200块钱租房住。一位中年妇女对我们说：这样的房子冬天穿暖和点还好说，到了夏天，屋子里的温度让人简直待不下去。中午做的菜，晚上就坏了。

看我们想了解他们的现状，打牌的，闲着没事干的人都围了过来。在他们住的棚子外，贴着他们将要分到房子的户型，但5月31日就要搬迁完毕了，到现在新房子到底在哪儿？他们说："不知道。"

有人告诉我们，未来补偿房子的原则是：现在

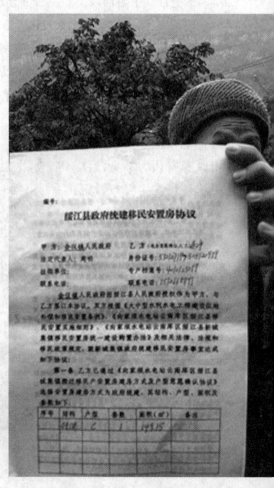

绥江县政府统建移民安置房子协议

有60平方米老房子，还给你60平方米的新房子。不过老房子赔的钱是600块钱一平方米，而新房子是1200块钱一平方米。如果要想增加面积，就要花1680块钱一平方米买了。

我问："你们有购房协议书吗？"他们说有。可是好几家的男女主人一起找，愣是都没有找到。后来有一个不识字的妇女在家里不费劲地拿出了一个塑料夹子，里面有各种文件。但在这个协议书上我找了半天，并没有找到写明他们会搬到什么地方，什么时候搬的文字。

在村子里转时，我们看到一个小棚子，问了后知道是厕所。这么小的一个厕所，现在供8家使用，农村还多是大家庭，有的家有七八个人。这么一个小厕所，要五六十人天天用。

在那时我们还发现墙上贴的两个牌子。这个称为"绥江移民挂钩帮户公示"牌上写着，工商局。姓名，罗云。这是政府部门一帮一移民的一个举措。可是老乡们说，谁叫罗云他们完全不知道，更没有见过。

离开这个村子，我们开始了每次"江河十年行"大巴课堂上都要进行的，每人说说这一天的感受。

摄影家李红抢着说："知道这里要被淹了，我是来抢救性拍照的。这里原本太美了，没有想到现在的施工这么野蛮。"

律师张万成说："这里的农民急需法律帮助。"

成都河流研究会的王亮说：发展与生存，了解了这里移民的情况后，希望知道移民们需要什么，我们能做什么？

自然之友的张伯驹说：江边倾倒施工的废渣，这是违规的，可江边随处可见。水坝连着水坝，不放过一米水头，体

挂钩联系单位

现了工程技术人员的理念。但这种施工方式有没有论证，我有兴趣在考察中去发现。

与我们同行的长江委原水资源局局长翁立达也认为，现在这种开发，是工程第一，其他都不考虑了。

记者史江涛说：移民，搬家，这么大的事，工期这么短。5月底就要搬了，现在都不知道搬哪儿去，要是蓄水时间表到了，新房子还没有修好，到时怎么办？

记者刘伊曼说：城市搬迁和水库移民搬差距太大了。赶进度的是水库，农民的家为什么到现在还不给赶赶进度。

记者鲍志恒说：对农民的补偿一笔糊涂账，到现在给农民看的还是新房子的一张图纸，这种做法在全国都是普遍现象。移民做出了巨大的牺牲，而政府认为不是问题。

记者易蓉蓉则以母亲的视角发现，有一个小孩子坐在高高的铁架子上搭的一块板上做作业。不管旁边多热闹，孩子的头一直没有抬，专心致志地在那写着。

关注江河这么多年，今天我听到一个还没有听到过的说法：

与大坝同在的桥

因为一个水电站，老城和新城就要这样交替

长江现在是"世界大坝博物馆"。世界十大水电站中，中国占了其中的五个。

接下来，我们还会沿着金沙江行走，用我们手中的镜头把这些"大坝博物馆里展品"一个个真实地记录在案。

4. 金沙江——世界大坝博物馆

昨天晚上12点了，门外一个人，一口一个"姐"的边叫边敲我的门。我问是谁，她们说是水电部门的。我说太晚了，有什么事明天说行不行。她们坚持敲了一会儿，叫了一会儿，最后说：好吧，我们明天早上来看你。

第二天早上，我刚刚进了餐厅，她们就来了，伸出手来向我介绍说："我们是绥江县宣传部的部长和副部长。"

我们坐下来一起吃早饭时，她们说昨晚喝茶时听说我们来了，都是干新闻的，所以过来问问我们需不需要什么帮助。并对我昨晚上那么晚不给她们开门表示理解。

当然，我们的话很快就进入修了向家坝电站，绥江县要全县被淹的话题。看来她们确实也是想来听听我们是要干什么的。

看她们有诚意，我们也就一个问题接着一个问题地问开了。

记者史江涛问："要是蓄水的时间到了，老百姓的房子还没有修好怎么办？会不会匆忙中就把老百姓搬走？"

宣传部长说："不会的，会想办法。"

我问："有没有具体的措施？如果是房子还没有盖好，又到了蓄水的时间怎么办？"

部长说："我们会为老百姓找临时住的地方，或补钱给他们。也有的人家有几套房子的，可住进已经建好的房子，像我们家就自建了三处住房。"

我说："要是没有那么多处房子，只有一处呢？昨天我们路过的那个村子，都两年了，还住在自己盖的棚子里，还在自己租房子住。"

宣传部长很肯定地说："政府一个月是要给他们吃和住的补贴的，吃200元，住300元，加起来500元。"

我说："老百姓可说啥子都没有给他们。"

部长再次非常肯定地说："不会的，一定是给了的。"

我又问："昨天我们看到老百姓住的棚子上挂着"移民挂钩帮户公示牌"，上有单位和人名。但老乡说他们从没有见过牌上写着名字的人，而且说不知道这是啥子。"

宣传部副部长马上接过话："不可能，我们也都有挂职钩的移民，我要帮助7户移民呢。"说着拿出手机，找出了移民的电话，并说："我都去过很多次他们家了，帮助他们解决问题。"我问解决了什么问题？她说解释政策，做思想工作。

我们又问："移民们说给他们每月160元的补贴，要先交30720元，然后再每月给160元，还没有拿到钱，要先交，移民谁拿得出呀。"

部长说这叫长效机制，三峡公司认为要帮助农民们把钱管理好，免得一下子给那么多全花了。

一个月才160元也太少

街上人的不满

了，很多人是地给淹了就没事做了，靠这点钱怎么生活。

"这是长效机制。"部长还是这样强调着。

和两位宣传部长聊时，我们的摄像机举着就对着她们，也有人在拍照，她们都没有制止，说话也底气十足，每一句都对自己的工作充满着自信。

我们之间的谈话，并没有像我开始想象的那么紧张，甚至可称得上和谐两字。我们提出的每一个问题她们都不回避，只是当我们问有什么具体措施时，她们不管是绕着说，还是矫情地说，一定是要说明工作虽然不容易，但他们自己也是移民，不会不管老百姓的。

绥江县过去有一个烟厂，县财政有八九千万，烟厂倒闭了，县财政只有一千多万了。现在县里还欠着30个亿。部长们告诉我们的这个数字，让我们更深地体会到什么是一个县的支柱产业。也让我们不能不从他们的角度去想一想，对水电渴望的背后还有些什么？

宣传部长说，我们的工作是白加黑，五加二我们还要赶路。

虽然我们很喜欢和她们这样的领导聊天，因时间关系也只有约好了明年再来，那时老县城淹了，我们会去他们的新家看看。

绥江县整个县城因向家坝水库都要被淹。而且搬迁的日期是5月31日，也有说5月底就要开始搬了。

我知道水电开发，蓄水的日期要是定了，是要执行的。可在今天绥江县城的街上，几乎看不出那里就要被淹了，人们就要搬走了的迹象，人们生活得挺安逸。只是偶尔看到铺面上挂着"搬迁狂甩"这样的招牌。这样的情景，很难让人想象生活其中的人将要经历那么大的改变。

是当地人从容，无奈，还是只有顺从。

不过，这只是我们走在街上看到的感觉，别问什么。要是问，那说的就都是：给的钱太少了，没法子生活了。什么时候搬，搬到哪儿不晓得，焦急的情绪就一定是表达了。毕竟是要离开故土，是要为几十年的家当重找归宿。

尽管是这样，如果我们再问，你们希望建水库吗，回答也几乎是一致的，支持国家建设。这是国家的事，是大事。

从这些回答中，我们当然也看出了，他们说支持国家建设的背后，还有他们对自己新生活的向往，对水电能给自己生活带来变化充满的希望。

在中国地方上采访有一个习惯，当地领导是一定要把你送到他所管辖地的边界的。今天宣传部长也不例外。

我们与绥江宣传部领导告别时，她已经在自己的小车上和同行的新华社记者又聊了一会儿，据说聊得是推心置腹。告别时，这位部长的态度有些变化，不像一开始那么强硬地表白她们的工作做得有多好，而是希望我们也帮助她们呼吁一下：现在给移民的钱太少了，工作太难做了。她说开始对我们不了解，现在知道我们是真的想帮助移民知情、参与，所以希望我们也理解她们，更要帮助她们呼吁对移民的补偿要有所增加。

这事是只争朝夕的事吗？

因为就要淹了，现在抢救性的开采在当地也十分猖獗，对大自然造成的破坏也就更加严重了。这也是向家坝和溪洛渡两个库区现在面临的问题。

再有就是，我们一路上看到的是新房子都还在建设中，很难想象两个多月后，就是移民们搬家的日子了。

煤厂也要淹在水库里

沿着金沙江从向家坝电

站工地走向溪洛渡工地的路上，我们的大巴课堂讨论开了。

原长江委水资源保护局局长翁立达告诉我们，中国水电移民上个世纪五六十年代是给30块钱就走人的。把移民当回事是从三峡大坝开始。三峡因为是全世界都关注的项目，补偿是高的。当然，真正到移民手里的钱还要经过各级政府的手。不管怎么说水电开发中是有这笔钱的。像三峡，在规划中，移民的费用要占到总投资的40%。金沙江水电开发比三峡晚了那么多年，钱也比以前多了不少，可是没想到，还有那么多严峻的问题。

正在我们着急时，杨勇接到来自溪洛渡所在地永善县宣传部长的电话，说是让我们别着急，他们会打招呼给我们放行。

新房子还是这样，5月31日就要开始搬。

老家在江边，新家在山上。就地上移，为了电站，为了国家利益

果然，记者证没能让警卫放行，宣传部长的电话起了作用。不过两个穿着警服的人过来告诉我们，因为首长在午睡，让我们等等，批了我们就能进了。

开始，我还以为杨勇多次到过这里，是他认识的人认识宣传部长呢。杨勇说，是绥江宣传部长打了电话，让这边继续关照我们。

原来是这样。进去就行，溪洛渡号称全世界地下发电厂最大

建电站中的大江

的大坝，光是它的大，我们也要去看看呀。

因为惊动了当地政府部门，不管我们怎么说要赶路，中饭是不能不吃的，而且一大桌子菜早就摆在桌上了。

吃完饭，我忍不住地问永善县宣传部长："你觉得你们这里这么好的大江，这么美的大山，那么丰富的文化，那么多老百姓的生活，为了一个电站就要全淹了，你个人觉得划算吗？"

这位宣传部长脸上很是无奈地说："我们没有话语权。我们也是弱势群体，三峡公司说了算，我们政府要去和他们争取。"

我又问："你听说这些年我们国家已经很重视信息公开、公众参与，你们这里有这方面的声音吗？老百姓知道要知情权，要以参与的方式保护自己的利益吗？"

部长的脸上一片茫然，并诚恳地说："我们还不知道这些。"

关于溪洛渡我在百度上找到这样一段介绍：溪洛渡水电站位于四川省雷波县和云南省永善县境内金沙江干流上。金沙江系长江的上游河段，主源沱沱河发源于青藏高原唐古拉山脉。沱沱河与当曲汇合后称通天河，通天河流至玉树附近与巴塘河汇合后始称金沙江。金沙江流经青、藏、川、滇四省（区），至宜宾纳岷江后称为长江，宜宾至宜昌河段又称川江。金沙江流域面积47.32万km²，占长江流域面积的26％。多年平均流量4920m³/s。多年平均年径流量1550亿m³，占长江宜昌站来水量的1/3。

金沙江全长3479km，天然落差5100m，水能资源丰富，是全国最大的水电能源基地，水能资源蕴藏量达1.124亿kW，约占全国的16.7%。

金沙江下游河段（雅砻江河口至宜宾）水能资源的富集程度最高，河段长782km，落差729m。规划分四级开发，从上至下依次为乌东德、白鹤滩、溪洛渡和向家坝四座梯级水电站，其中溪洛渡和白鹤滩水电站规模均超过1000万kW。四个梯级总装机容量可达3070万~4310万kW。年发电量1569亿~1844亿kWh。金沙江中下游梯级电站作为"西电东送"的骨干电源点，其中溪洛渡和向家坝水电站已开展前期筹建工作。溪洛渡梯级上接白鹤滩电站尾水，下与向家坝水库相连。坝址距宜宾市河道里程184km，与三峡、武汉、上海直线距离分别为770km、1065km、1780km。溪洛渡水电站控制流域面积45.44万km²。

溪洛渡水电站以发电为主，兼有防洪、拦沙和改善下游航运条件等巨大的综合效益。开发目标主要是"西电东送"，满足华东、华中经济发展的用电需求；配合三峡工程提高长江中下游的防洪能力，充分发挥三峡工程的综合效益；促进西部大开发，实现国民经济的可持续发展。

溪洛渡水电工程规模巨大，在国内仅次于三峡工程，系我国第二大水电工程。

这就是溪洛渡大坝已经建成的规模，是当地人引以自豪的规模，是干部和百姓寄予希望的规模。这里饱含着当地人对发展的渴望，对脱贫的渴望，对新生活的渴望。

我在微博上发了这几张照片后，跟贴在一天之内就到了1600

这就是溪洛渡大坝

多条，评论也有300多条。（我写这篇文章是在大山里一个小旅馆里，从夜里2点到凌晨7点。这里不但不能上网，夜里也没电。因为一会儿又要在大山里穿行，我要在出发前写完这篇文章，才能赶得上我们绿家园每天的江河信息，没能在网上找些对此的评论放在这里与朋友们分享。）

显然，网上的介绍和当地人的渴望和跟贴我微博的人说得不一样。一种说法，大坝是经济发展与能源获取的保证，是百姓改变生活的可能。另一种是大山，大江被截成了这样，还有我们的明天吗？长江危在旦夕。

杨勇上世纪80年代作为长漂队员，曾从今天已成为溪洛渡大坝的这里漂过。那时，这里是激流密布。

今天，站在大坝前，让杨勇担忧的还有，电站位于南北向的峨边—金阳断裂、北东向的莲峰断裂及北西向的马边—盐津隐伏断裂带所围限的雷波—永善三角形块体之中南部。新构造活动以整体性、间歇性抬升为主要特点。边界断裂除东部的马边—盐津隐伏断裂带具有较强的新活动外，另两条断裂带晚第四纪以来无明显活动迹象。坝址区的地震危险性主要来自三角形块体东部的马边地震带强震的波及影响。电站坝址区地震基本烈度为8度。

杨勇说，1974年这里发生过7.4级的大地震。

站在溪洛渡大坝前，不管哪个记者问杨勇，他都会说："在这样的地质状况下建这么大的大坝，简直是胡闹。"

原长江委水资源保护局局长翁立达在接受新华社记者采访时说："这里虽然不像小南海那样是生态通道，但也是长江里珍稀鱼类的繁殖地。可你们看看，大坝这样的截法，鱼还能过得去吗？金沙江不仅养育着我们人类，也养育着鱼和两岸的动植物呀。"

有人说：金沙江即将消失，取而代之的是"长江上游水库链"，还会有无数各种各样的污染源。长江中下游几亿人口的生命安危？整个水生态系统的存亡？中华儿女如何回报母亲？长江管委会如何管？水利部利在何处？环保部保什么？发改委怎么发展。这些问题谁能回答。

在我们就要结束今天的江河行，在大巴课堂上分享各自这一天的感受时，同行的律师张万成说："律师要下乡，要为农民提供法律服务。"

记者史江涛说："现在有关移民的政策制定得能做到很细很细，要是实施起来也能细些就好了。"

成都城市河流研究会王亮说："做事不能只讲快，还要讲怎么能做得好。"

今天的金沙江已经成了这样，今天人们对生活质量的要求越来越高。能源要开发，经济要发展，大江也不应只是付出代价而没有自己的尊严。

走江河，以前只是

山"帘"

写文章，做电视节目，广播节目，现在还有了微博，有了手机视频，我们有了更多的渠道让信息公开。有了公开的信息，离利益相关群体发出自己的声音，就是向前又迈进了一步。

5. 一个糖厂和一个村子的村民

2012年3月24日早上，我们在云南昭通黄华镇上，感受着西南一个小镇的宁静与悠闲。因为是周末，两个女孩在帮助妈妈卖豆粉。四个老人边聊着天，边卖着香烟。

昨天一到这里，杨勇就告诉我们，当年他徒步走金沙江时，听说这村里有一棵大树就走进了这个小镇。因为实在是太累了，杨勇和同伴还有一直跟着他们的一条狗，在大树下竟然从坐着，到躺着，到进入了梦乡。

睡得正香时，突然被人叫起来要他们交钱。他们问交什么钱呀，来人说你们不是来要猴的吗？要表演，是要交场地费的。

杨勇向来的人解释他们是徒步走金沙江考察金沙江生态环境的，当地人听说是这样，像迎接英雄一样把他们请到一个餐馆，请他们大吃了一顿。

今天，我走过这棵大树时，树下是一堆垃圾。这么古老的一棵树，这么独特的一棵树，为什么就把垃圾都堆在它的身边呢？让我们有些不解。

同时让我们不解的还有，进入江边即将被淹的村子里有个牌上写着：安全生产，可为了修

小镇上的早餐

摆烟摊的老人

路，就让大山成了那副模样。

杨勇和长江委原水资源保护局局长翁立达都说，大山上那么一大片黄色，是施工时没有把挖出来的土倒在应倒的地方，就地倒在了山坡上，才使大山留下那么宽的一道伤疤，这属于野蛮施工。

发展经济和保护环境的矛盾，在修路上本不是那么难以协调。按照施工规定把挖出来的土去填充一些挖空的地方，是可以利用上的。可是为了省事，随手就倒了，伤了大山，也让那些需要填充的地方还要花钱去买其他的填充物。这样的建设，是因为懒，还是制度上有问题？

是一位村支书把"江河十年行"的一行人带到了这里，云南昭通永善县黄华镇黄果村水田社。我们到那时，村头站着不少人，问过之后知道他们是在等我们。为什么要等我们呢？

这个村也是金沙江溪洛渡电站，将要淹没的一个村子。

1962年，当地政府用农民的田地办了一个糖厂，上世纪80年代因为厂子收农民的甘蔗给的钱太少了，农民们不再把甘蔗卖给糖厂，而是买了个小榨机自己榨甘蔗做起糖来。

什么是安全生产

1982年糖厂垮了，农民们你一块地，我一块地，在这块土地上又耕种起来。

2003年，溪洛渡电站开工。糖厂所用的这块地，因曾是国有企业用地，所以2004年县国土局决定拍卖这块地。拍卖前也在报上进行了公示。

安全生产的牌子背后

可是村里的农民没有看报纸的习惯，直到地要淹了，这块地算谁的，谁能拿到赔偿，农民才得知这块地已经被县里交警队、县政府法治办，国土局三个公务员花了168000元买下了。

据农民说，因水电占地赔偿，这三位公务员将会获得100多万。

这样的拍卖让当地的农民很是不解。为此他们求助于法律。遗憾的是上诉到高院都判农民败诉。用农民自己的话说，在这个人均只有一分地的村子，糖厂所有的，近10亩地对农民意味着什么。

我们没有找到准确的数据，这个村的人均地有多少，但是这个江边的小村庄，人多地少是一定的。

当地人的土地为什么那么少，主要是当地实行着包产到户时还没生的人就没有地，嫁过来的媳妇也没有地的政策。

我们离开黄果村水田社后，到了江边另一个要被淹的云南省昭通市永善县黄坪乡，听说我们关注补偿问题，村民们很快也围了上来。

废弃糖厂的地已被拍卖

农民自己的榨糖机

我一个一个地问了五个农民家中的情况：

陈福强，50岁，家中有5口人，601米（水库淹没线以下有赔偿，以上就没有赔偿了）他家以下有3亩4分地，601米以上有8亩地。3个孩子都是包产到户后生的，都没有地。家里没有地的还有儿媳妇和孙子。

计永会，58岁，家中9口人，5个人有地。家里的花椒地里套种了沙仁。不过按当地移民赔偿规定，不管地里套种什么，只能按一种赔偿。比如花椒地里还套种了沙仁，赔青苗费时，只能赔花椒或沙仁一种。

黄志远，63岁，家中6个人，合法计划生育，可家里只有一个人有地。

唐玉莲，69岁，一个人住。自己开了5亩荒地，但不在赔偿之内。有儿有女但不孝。

无名氏，77岁，2个儿女，5个孙辈，11口人，包括32岁的儿子都没有地。

用这些人的话说："现在最要命的是我们因不认同现有的赔

601米以上的地就不赔了，可这些地也会受到影响呀

偿，所以就没在赔偿书上签字。这样一来，除了和其他移民一样不知道水淹了我们的地后，我们要搬到哪儿，什么时候搬，我们还有不知道将怎么给我们赔偿。

搬家在即，这些即将失去土地，失去家园的农民能不着急吗？

新华社记者在和当地干部聊天时还听到这样一个故事。有一位年轻人当年是外来户，受村里的排挤，分地时人家分的是河滩地，他的地分到了山上。山上的地虽然没有河滩地好，可是多。加上这位年轻人自己又开荒，这次因水电而搬迁他得到的赔偿有七八十万。

金沙江边的这些小村庄，本是不愁吃穿的。他们种的花椒和花椒地里套种的沙仁都是越来越值钱。仅沙仁一亩地就能产上千斤，能卖25000多块。花椒一亩地也能收获六七千块。

这里的绝壁将和农民的土地一起沉入水库中

可是因为要搬迁了，水利设施已经好几年没有修缮。加上气候变化，不少花椒树死了。包括要被淹的，也有不会淹到的。

搬迁后，没有土地的人怎么生活？

如今，一个月靠160元钱生活能生活得下去吗？陪同我们的县上的、乡上的干部说他们现在的全部工作就是搬迁这一件事。我问怎么做工作呢，农民要的是实实在在的赔偿，是今后要过的日子。

得到的当地干部的回答是："我们只能做思想工作，什么也不能给他们。三峡公司就是这么赔的。"

这年头靠思想工作让老百姓搬迁，能想象这工作有多难。

离开这两个小村庄，我们的车又在大山里穿行。前几天我在拍大山时，一直想找一处没有人类活动的山和有了人以后的山做个对比，可是一直没有找到。

今天我们走的大山里，不但让我们看到了大山的伟岸，看到了大山的褶皱，也看到了大山的激流。真美！看了几天大山的伤疤后，再看到大自然的自然，不知为什么，我的眼睛模糊了，充满了泪水，一滴一滴地在脸颊流淌。

明天，我要到金沙江上的另一个大坝——白鹤滩水电站。那里的大坝横跨云南、四川两省。我们去的云南这边叫巧家，多好的名字。只是不知被锁住的大江，被扼住咽喉的

大自然的自然

绝壁上的那一道是将来大坝蓄水后的吃水线，这个绝壁将会被淹在水中

峡谷，会是什么样子？

6. 金沙江——浓缩地球的精华

江河十年行2012从3月20日出发，到3月25日，已七渡金沙江了。地质学家杨勇从上世纪80年代就开始关注养育他长大的金沙江。"金沙江——浓缩地球的精华"，就出自他口。

此行横断山研究会的邓天成一直在为大家提供每天行程的地名和线路。今天一早，大家的邮箱里就收到他发来的我们七渡金沙江的一次次经历。

第一次：22日，内宜高速宜宾金沙江大桥，四川宜宾县；

第二次：23日，213国道绥江—屏山金沙江大桥，云南绥江（南岸镇）/四川屏山（新市镇）；

金沙江

第三次：23日，溪洛渡水电公路雷波—永善金沙江大桥，四川雷波（顺河乡）云南永善（溪洛渡镇）；

第四次：24日，永善大兴镇金沙江轮渡，云南永善（大兴镇）/四川金阳（德溪乡）；

第五次：25日，金沙江奥威大桥，四川金阳（山江乡）/云南巧家（茂租乡）；

第六次：25日，武警水电白鹤滩三通一平便桥，云南巧家（大寨镇）/四川宁南（白鹤滩镇）；

摆渡过金沙江

第七次：25日，巧家—葫芦口金沙江大桥，四川宁南（葫芦口镇）／云南巧家（白鹤滩镇）。

金沙江发源于青海境内唐古拉山脉的格拉丹冬雪山北麓，是西藏和四川的界河。它在江达县和四川的石渠县交界处（江达县邓柯乡的盖哈河口）进入昌都地区边界，经江达、贡觉和芒康等县东部边缘，至巴塘县中心线附近的麦曲河口西南方小河的金沙汇口处入云南，然后在云南丽江折向东流，为长江上游。金沙江在昌都地区段河长587公里，江面海拔自3340米至2296米，落差1044米，流域面积2.3万平方公里，年平均流量为957.3立方米/秒，年径流量301.9亿立方米（巴塘站）。

金沙江落差3300米，水力资源一亿多瓦，占长江水力资源的40%以上。流域内矿物资源丰富，但流急坎陡，江势惊险，航运困难。由于河床陡峻，流水侵蚀力强，金沙江是长江干流宜昌段泥沙的主要来源。

长江的这些资源，在我们人类既认识，又不认识的今天，给长江带来的是什么，是生命的延续，还是灾难的开始？

大江拐弯处

如果说"江河十年行"初走时，我们还没有太多的去想，可随着一次次地走进它，它所面临的现实，不能不让我们不仅要去想，还要去做。

2012"江河十年行"的一行人行走在金沙江边时，不同的经历，不同的工作，让我们对金沙江也有着各自不同的解读。

杨勇，在赞美金沙江浓缩了地球精华的同时，也在深深地担忧着这里地质结构的复杂，像今天这样的大开发，会让这里的危险系数要多大有多大。

长江委前水资源保护局局长翁立达，对长江的保护，不但有他自己对长江的热爱，更有一个官员、学者的社会责任感。一路上他几次在我们的大巴课堂上说到小南海是生态通道，说那是长江珍稀鱼类的"产床"。翁先生还说，巴西亚马孙一座大坝也没有。尼罗河上至今只有埃及的一座阿斯望大坝。不过现在尼罗河上游的几个国家已经开始了分水之争，未来为水而争的可能性不是没有。

我们这次的行政主管诗人艾若，一路上已经赋诗几首。他认为金沙江本可让人诗意地活在她的两岸。可是现在呢？在建和将要建的38座大坝真的都修好了，长江还是长江吗？

他有诗云："江河十年行"金沙，蜿蜒蹒跚过彝家。大坝锁水人鱼泣，夜走蜀道是悬崖。

又一诗云：迂回川滇处处坝，白鹤滩又锁金沙。江遭封喉月呜咽，大旱之夜哭巧家。

摄影师李宏，希望回去后把自己过去拍的金沙江的照片统统翻出来，好好对比一下他曾经拍到的金沙江和今天的金沙江有什么不同。李宏深情地说，我们这么一个大国，一个有着五千年文明史的民族，为什么就没有气度把自己的母亲河保护起来呢？

记者史江涛一路上都在向水电移民发着名片，边发边说，你们有什么问题给我打电话。他在大巴课堂说，为什么这里修路的进度总不能保证，他在采访中得知，有些老百姓因对移民政策不满，就在修路的工地上捣乱。这样的人与人间的关系不正常，难道就是水电开发时的常态?

今天,峡谷里炸山修路我们被截住时,自然之友的张伯驹站在守护人家的房子上唱起了《长江之歌》。看到大山里的今天,他一方面在想着怎么发动公众节约出一个小南海水库库容的水,一方面向大家介绍着在巴西有一个环保行动。这个行动是洗澡时撒一泡尿以此节约用水。在大巴课堂上,张伯驹还引用了美国《沙乡日记》中一位教授面对兴高采烈的年轻人赞美自然时说的,他不忍再去,这些年轻人不知道这里真正的美是什么?

记者李路一路上拍了不少孩子。今天我们在巧家县蒙姑乡吃午饭时,又是他最先看到了街边的这样一景。

这里的医疗条件就是这样。穿着白大褂的医生和我们说。

在我们国家,像这样医疗条件的乡镇还有多少?水电开发是不是能帮助这里改变这种现状?同行的律师张万成说:"改变一个地区的状况,除了经济的发展,实物的补偿,农民还要有自己的话语权。"

大山里的人与自然

就在我们大巴课堂上,参与者分享着这几天看到的金沙江,想说些什么就说什么的时候,这个尾矿池让我们下了车,它离金沙江太近了。池子里那颜色让人看了不能不害怕,如果被排进金沙江,不就又是一个紫金矿

这里曾经是"两岸猿声啼不尽"

街上输液

大山里铅锌企业
的尾矿池，这里有重
金属

业的污染吗？

今天，在我们的大巴课堂上有一场很有意思的争论。话题是有记者在采访县、乡干部时，听当地的领导们说：现在要告诉农民水库不修了，有90%的人会揭竿而起。农民们对新生活的期盼太强烈了。

"江河十年行"这次走在金沙江边一个个即将淹没的县乡镇采访，正面和地方领导的接触比以往都多。而且，虽然这里移民们遇到的问题很多，有些事也令人气愤，但县乡领导在这样的环境中，工作的艰难和辛苦，让我们对他们也还是有了一些的同情。

中午，又一位宣传部副部长出现在我们的眼前。他是巧家县宣传部的。他说自己是带着记者们下乡抗旱的，现在县里所有的工作都是围绕着抗旱，当地已经三年大旱，旱情十分严重。这位副部长说他是偶然听说有记者来了，就特意来找我们，同来的还有《昭通日报》在巧家的驻站记者。见到我们，他们都非常客气，用他们的话说是：对大报记者怀有敬仰。

再出发时，我请这几位当地做宣传的人上了我们的车，很希望他们也能听听我们在大巴课堂上的争论。

当地人对大坝建设的渴望，和90%的人会揭竿而起的说法，这么看：我在怒江采访100个村民时，几乎所有的人都说希望建大坝。可是你问他们知道什么是大坝吗？回答基本是不知道。不知道为什么希望建，因为政府说好，我们相信政府。我们媒体和NGO是干什么的，就是让当地人从自己的角度去了解大坝对他们生活的影响，鼓励他们在利益受到影响时，有效地发出场声音。

记者史江涛说，他曾采访民间环境组织绿色流域的于晓刚，对于晓刚关注与推动的社会影响评价很有同感。史江涛说，现在水电建设太多的强调能源，强调经济发展。可是衡量一个社会的进步还有很多其他指标，比如，文化，传统与生态。

我们说的这些，宣传部长和几位记者认为既新鲜，也有冲击力，从来没有听说过。但他们还是认为水电不发展当地还发展什么呢？

我们中有人问，这里要淹没的地方，是这些年巧家生态农业，绿色食品，水果的基地，要修大坝就全淹了呀。

这位副部长听到我们这样问，一下子激情十足，给我们讲了一堆有关巧家这些年经济作物已经到了一个大发展的阶段，让当地人的生活有了很大改变的例子。他还指给我们看路边一些房顶上有一池水。他说这是当地人的发明，可在屋顶上种水稻等农作物。

我们中有人问，这些年巧家人的致富之路就全要被水电取代了，你不觉得可惜吗？

副部长也好，另外几个记者也好，回答是一致的，水电是我们彻底脱贫致富的希望。

白鹤滩电站所在地

白鹤滩电站边的金沙江绝壁

这还能让我们说什么，这些年他们听到的发展思路除了水电可能再没有其他了。

今天的晚饭我们又没有推掉当地县领导的招待。主要是我们也希望和地方领导有所交流。虽然，站在不同的角度，及所处的位置，我们很难在短时间内达成共识。不过席间的交流，还是让这位县领导自掏腰包，买了两本我们义卖的书《江河十年行》、《追寻"野人"的足迹》，为怒江小学建图书馆。这位县领导甚至说："以后你们绿家园出的书我都买，是学习，也是支持。"

写这段稿子时，我正走在大山中，车窗外还依稀能看到大山的轮廓。车内伸手不见五指，和我们一起走了六年"江河十年行"的中央电视台记者李路帮我打着手电筒。本还想再写写我们和当地政府之间的交流，可颠簸的路让我控制不住的手老是按不到想按的键盘上，只好就写到这儿吧。

明天我们要沿着金沙江的支流小江前行，我们也要和巧家已经发展起来的生态农业告别，因为下次我们再到巧家时，那片绿油油的庄稼地已在水中。那时我们再见到巧家县委领导和宣传部

领导时，他们还会和那么坚定地和
我们说：水电是我们脱贫致富的希望
吗？

金沙奇石

7. 小江——世界泥石流博物馆

金沙江边冲积扇真多。江边那
扇形的土地上开满了黄黄的油菜花，
长满了绿油油的玉米。随着时间的
推移，那扇形状的，大小不等的土地
上的颜色，也在因时令的变化而变化
着。

冲积扇，富饶的土地

科学家们对冲积扇（alluvialfan）
有着这样的解读：是河流出山口处的扇形堆积体。当河流流出谷
口时，摆脱了侧向约束，其携带物质便铺散沉积下来。冲积扇平
面上呈扇形，扇顶伸向谷口；立体上大致呈半埋藏的锥形。以山
麓谷口为顶点，向开阔低地展布的河流堆积扇状地貌。它是冲积
平原的一部分，规模大小不等。

冲积扇在干旱、半干旱地区发育最好，由暴发性洪流形成，
在一些山间盆地区尤为突出。干旱区冲积扇面的地貌通常可分为
四部分：活冲刷区，死冲刷区，荒漠砾石铺盖区和未分离的砂和
砾石区。

研究现代冲积扇，可以辨认古冲积扇，从而为研究地质历
史提供线索。冲积扇对人类有实际经济意义，尤其在干旱与半干
旱区，它是用于农业灌溉和维持生命的主要地下水水源。有些城
市，例如美国的洛杉矶，整个都是在冲积扇上。

2012年3月26日，巧家县宣传部副部长一定要把我们送到他认
为很有意思的一个地质奇迹的发生地。他告诉我们这是真的。

这个真实事件，发生在上世纪初，是巧家金沙江边石膏地
的大滑坡。当时山崩动静之大，大到什么程度，一位正在酣睡的

大江边的雕刻

人，睡前家在云南省昭通市巧家县白鹤滩镇。醒来时，他已被大山"搬"到了金沙江对岸四川省凉山彝族自治州会东县大崇乡了。

有意思的是，这么大动静的"搬"运，并没有让这位酣睡中的人永远地睡下去，醒来后的他却怎么也想不通，自己怎么能睡觉中就从云南到了四川。

金沙江环流于巧家县西北部，境内流长138公里；牛栏江萦绕于县域东北部，境内流长81公里，中部的国家级自然保护区——药山是滇东北最高峰，海拔4041米。金沙江、牛栏江和药山形成了两江夹一山壮丽的自然景观。

药山史学上称为木雅洛宜山，经彝族史学专家的多年研究，认为药山就是彝族六祖分支的发祥地。史学中说"彝族再生始祖笃慕居蜀地，适逢天下洪水泛滥，笃慕便带领他的部落向今云、贵、川三省乌蒙山转移，躲避洪水。洪水退后，笃慕主持祭祀，由他的六个儿子分别率领部落的6个支系向不同的方向发展，史称"六祖分支"，药山因此成为彝族人民心中的"圣山"，是整个

生态农业在巧家

彝族生存的生命砥石。

今天，大药山下居住着汉、彝、苗、回、布依等多种民族，药山对于他们，不是神话和传说，而是赖以生存的生命之山。

2006年7月11日，药山自然保护区通过了国家林业局的评审，正式升格成为国家级自然保护区。保护区总面积为20141公顷，是川滇黔交界地区生物多样性最为丰富，保存最为完好，植被水平地带性尚存，垂直带谱基本完整的高大山体，生存有堪称植物界"大熊猫"的巧家五针松。

巧家一地几乎包罗了从海南岛至黑龙江的气候类型。属亚热带与温带共存的立体气候，海拔高低不同，气候差异较大，故有"一山分四季，十里不同天"的民谚。

有关巧家，网上还有这样一段介绍：在这片土地上，一日之行，若四季之旅，可身历春之温熙，夏之火热，秋风之苍凉，冬雪之圣洁。四季之旅，尽享亚热带的厚爱，温带的青睐，寒温带的慷慨赐予。

巧家生物资源极为丰富，动植物种类繁多，植被类型和景观多姿多彩，花卉药物异彩纷呈，珍稀生物较为丰富。尤其是许多珍稀生物和动物是巧家所特有的，如特有药物雪茶、贝母、大草乌、天刷子等；珍稀濒危植物如珙桐、光叶珙桐、水青树、领春木、天麻、川八角莲等；珍稀濒危动物如金钱豹、云豹、猕猴、黑熊、斑羚等。土特产有蔗糖、油桐、蚕丝被、花椒。走进巧家，揭开堂琅文化的历史，感受县城的缅桂花香，感受金沙江漂流的与大自然亲密接触。

昨天在我们和县委副书记一起吃晚饭时，我们问他的有关移民的问题他都以还在准备中，会为移民争取到最好的搬迁条件来回答。这样的回答在我们的采访中，听得太多了。

但是说到巧家现在的农业经济，这位县领导就信心十足了。虽然我不解这么富足且形成了较为固定的产业经济，怎么说淹就全给淹了。领导同志还能说得这么充满激情，失去得那么无所谓。

我还是说服自己，我们处的位置太不同了。水还没有到巧家，水电对当地真正意味着什么，还要靠时间来说话。

这位县领导告诉我们的是：巧家，在农业经济中以种植业为主，在河谷地区、半山区，玉米、水稻亩产可达七八百公斤，双季水稻产区"吨粮田"非常罕见。

如今巧家经济作物以甘蔗、烤烟、桑蚕、花椒、核桃为主，金沙江河谷地带种植的甘蔗含糖量达15%，居云南省蔗区县第二名。近几年来对农业产业结构进行调整，鼓励大力发展栽桑养蚕；烤烟产业也保持良好的增长势头，目前全县烤烟种植面积近3万亩，年收购烤烟7万多担。除农业种养殖业外，巧家县还具有储量丰富的矿产资源，以铅锌矿居首，还有铁、铜、银、砂金、稀土等金属矿，煤、石膏等非金属矿的储量也很大。

而这一切，随着白鹤滩电站的建成，就都统统都要沉降到水库之中。

巧家的美，因我们今天是沿着金沙江和小江走，领略的并不多，甚至生态农业中的菜蔬与瓜果梨桃，我们也没见到多少。宣传部副部长对我们说，你们不是喜欢大自然吗，下次来巧家一定要去药山。

我们的镜头中，拍到了小江在云南省昭通市巧家县蒙姑乡流入了金沙江。小江给金沙江带进的是什么，也让我们看了个究竟。

地质学家杨勇说：小江也要成为白鹤滩库区。随着水位的上涨，这些带有重金属物质的江水，也将汇入长江上游的金沙江。

杨勇说，现在江边的挖沙可形容成是：猖狂。矿产要被淹了怎么办，抢救式地开吧。

杨勇还说："如今，我们的建筑材料是否含有污染物，都有指标控制与监测。而同是建筑材料的沙，却没有测量，也没有标准，哪怕其中含有多少重金属矿物质。这些沙用在了建房中，人们在这些房子中生活与工作，对身体有什么伤害，至今没有人去关注。

站在小江边那白色的流水旁，我翁立达：长江委会管管这里的江水吗？小江也是长江的支流呀。周边这些尾矿池里的重金属

开矿，已让巧家的山水成了这样

矿物质就这么不管不顾地直接往江里排？

翁先生对我们说：大家一定还记得2010年7月3日，福建省上杭县铜矿紫金矿业所在地连续降雨，造成厂区溶液池区底部黏土层掏空，污水池防渗膜多处开裂，渗漏事故由此发生。污染水域9100立方米的污水顺着排洪涵洞流入汀江，导致汀江部分河段污染及大量网箱养鱼死亡。造成了那么大的负面影响。

一半黄金，一半污水是人们对紫金矿业污染事件的形容。

紫金矿业是一个传奇。上世纪90年代，地质工作者陈景河（紫金矿业董事长）冒险用氰化钠溶液提炼黄金，使原先没有开采价值的低品位矿具有了开采价值，庞大的紫金矿业帝国也就此崛起。紫金矿业的采矿成本低在行业中是出了名的。2007年，紫金矿业每克矿产金的成本只有57.64元，仅为国内平均水平的45%。然而，紫金矿业创造的这一低成本奇迹，却使自己陷入污染的泥潭，不能自拔。

我问翁先生，是不是可向长江委现在的保护局长投诉小江目前的污染？多年来关注这里的地质学家杨勇认为：远远超过紫金矿业。这里正在建白鹤滩大坝，水蓄起来后，这么毒的"乳汁"可就都要进到金沙江里了呀。

翁先生马上说，我会转告有关部门。从翁先生的脸色看，小江这一江的白水，他的着急一点也不比我们少。

小江"世界泥石流博物馆"，培养出了我国一批研究泥石流的博士、专家。他们能想到这样频发泥石流的大山，正在不顾一切地开发吗？

金沙江成了水库后，山体能承受得住那一库水吗？这些博

开挖在大山

士、专家面对这样大的工程，有没有人站出来说话？

小江的水污染得成了乳白色，水库建成后，当地人被告之是移民变渔民。到那时，他们打上来的鱼，有人敢吃吗？

金沙江，你承载得了人类赋予你的新的使命吗？

大山为你作证，我们为你记录，"江河十年行"，已经七年了，还有三年。

8. 爱一个人就让他去金沙江，恨一个人就让他去金沙江

爱一个人就让他去金沙江，恨一个人就让他去金沙江，说这话的是我们此行的摄影家李宏。他同时说的还有："我来是用镜头语言为长江唱挽歌的。"

水电的三大风险：地质、生态、社会。这些用水电指标是无法量化的。杨勇的这一思想对摄影家李宏的影响很大。

李宏已经有过四次漂流长江的经历了，对大自然的爱他是用漂流来表达的。加上这次"江河十年行"，一路走来看到金沙江的满目疮痍，李宏在我们的大巴课堂上直言："我就是反坝派。一个民族都不能保护好自己的母亲河，都缺乏这样的大度，是一种耻辱。江河的性格应该也是民族的性格。我们现在还有性格吗？"

一个汉子对母亲河的情感，用手中的镜头来体现，这就是李宏为自己找到情感抒发。可是今天拍到的金沙江，不仅包含着他对大江的爱，也注入了他心中那不能释怀的遗憾。

此行不太讲话的《潇湘日报》记者周喜丰，在大巴课堂上也曾深有感情地问大

李宏镜头中金沙江的人与自然

金沙江边的梯田

家："人要活得有尊严，在这样的环境中怎么生存？"

"当一个民族在自己的土地上再也找不到一条属于自己的母亲河时，这个民族还算活着嘛？还能活下去嘛？三十年下来，莫大的中国竟没剩一条自由畅流的河流了。"这句话是一位生活在美国的华人，在微博上看到我发的金沙江的照片后发表的言论。

2012年3月27日，"江河十年行"一大早走在这样的大山里时，一头毛驴在和大卡车叫板。虽然耽误了我们不少时间，但我从心里觉得这头毛驴：牛。它要说不行，就是不行。我们人类中还有多少人能有毛驴的这种性格呢？

今天我们要去的电站叫乌东德。这是让杨勇十分担心的一个大坝。这里上世纪90年代发生过两次大的崩塌和泥石流。其中1966年那次死亡人数有400多。这里的大坝已经建成什么样？带着担忧和遗憾，我们走进了修建乌东德大坝的峡谷。

泥石流，是介于流水与滑坡之间的一种地质作用。典型的泥石流由悬浮着粗大固体碎屑物并富含粉砂及黏土的黏稠泥浆组成。在适当的地形条件下，大量的水体浸透山坡或沟床中的固体堆积物质，使其稳定性降低，饱含水分的固体堆积物质在自身重力作用下发生运动，就形成了泥石流。泥石流是一种灾害性的地质现象。泥石流经常突然爆发，来势凶猛，可携带巨大的石块，并以高速前进，具有强大的能量，因而破坏性极大。

泥石流流动的全过程一般只有几个小时，短的只有几分钟。泥石流广泛分布于世界各国，是山区沟谷或山地坡面上，由暴雨、冰雪融化等水源激发的、含有大量泥沙石块的介于挟沙水流和滑坡之间的土、水、气混合流。泥石流大多伴随山区洪水而发生。它与一般洪水的区别是洪流中含有足够数量的泥沙石等固体碎屑物，其体积含量最少为15%。2010年8月8日甘肃舟曲县发生泥石流灾害最高可达80%左右，因此比洪水更具有破坏力。

乌东德的地质状况让杨勇如此担忧，可我在网上找了半天，也只找到这样的介绍：

乌东德水电站坝址位于四川省会东县和云南省禄劝县交界的金沙江下游河道上，是金沙江水电基地下游河段四大世界级巨型水电站——乌东德、白鹤滩水电站、溪洛渡水电站和向家坝水电

水库蓄水后引起滑坡中的土石流进库里，不仅要占库容，还有形成堰塞湖的危胁

站的第一个梯级，上距观音岩水电站253公里，下距白鹤滩水电站180公里。电站控制流域面积40.61万平方公里，占金沙江流域面积的86%；多年平均流量每秒3810立方米，径流量1200亿立方米。乌东德水库初设蓄水位975米，总库容76亿立方米，调节库容26亿立方米，防洪库容14.5亿立方米。初选电站装机容量870万千瓦，多年平均年发电量约387亿千瓦时。引按2003年价格水平估算，工程静态投资约220亿元。

在崩塌和泥石流多发地建坝对地质状况的描述，网上我一点也没有找到。不过，国家工程中水电人眼中的效益，介绍中却一说再说：乌东德水电站是流域开发的重要梯级工程，有一定的防洪、航运和拦沙作用；建设乌东德水电站有利于改善和发挥下游梯级的效益，增加下游梯级电站的发电量。电站开发任务以发电为主，兼顾防洪，并促进地方经济社会发展和移民群众脱贫致富。

甘肃舟曲2010年8月8日的重大泥石流我们都不会忘记。那里直到发生了大的灾难人们才发现，在那么小的一个冲积扇上，竟然建了上千座大大小小的水坝。

甘肃舟曲发生特大泥石流灾害，造成1471人死亡，294人失踪，2500多人受伤。中央和甘肃省投入了五十多亿，用于舟曲灾害重建、恢复生态。

乌东德电站边的金沙江

灾后，《经济半小时》记者从中国地震局地质研究所地质研究科学家、地质学家徐道一那儿了解到，舟曲泥石流导致41个在建、已建水电站工程合计扰动地表面积达322.83平方公里，弃渣达3834.8万里立方米，这些工程与弃渣既破坏了河岸山体的稳定，巨大的石块又容易在狭窄河道中形成"自然坝"造成堰塞湖。

地质学家徐道一，成功预测过2011年的日本大地震。

专门研究泥石流的专家孙文鹏告诉记者，西南、西北地区的山不是一个土包，是峭壁，是切得很深的峭壁，本身就不稳定，再加上山的地质岩石不一样，角度不一样，因水一泡，松散的岩石哗一下子就下来了。

徐道一、孙文鹏两位年过八旬的老地质学家，一个偶然的机会得知2010年发生特大泥石流的甘肃舟曲，正加快上马水电站项目，全县审批立项的水电站已经有68家，而舟曲所在的整个白龙江流域，水电站项目已经超过了1000座。为此，两位地质学家忧心忡忡。

徐道一说，他们不笼统地反对水电站，但反对在地质构造和活动地形很复杂这样的地区建电站。在他看来，地形上的急变和反差，以及气候条件，使包括白龙江流域在内的西部地区水能资源富集。但也正是由于地壳结构和地质构造的极不稳定，水电开发也伴随着引发泥石流等高地质灾害的风险。

孙文鹏告诉记者，是水电站让舟曲变成这个样子，简直是不要命了，简直是太冒险了。

而今天的金沙江，水电站给金沙江地质结构带来的影响，又何尝不让地质学家们心急如焚。他们说，我们已经有了舟曲，已经有了科学家们的认知，可同样的开发，还在金沙江上变本加厉地进行着。

杨勇说："在所有的泥石流中，崩塌型滑坡泥石流是最危险的，活动状态的就更危险了。而乌东德电站就处在这样地质构造的大山中。"

离开乌东德电站，我们的车又在大山里穿行。车上很安静，杨勇的话让我们和他一样心焦。中国不应该再出现舟曲那样不全是天灾，在很大程度上是人为造成的灾难。可人微言轻的我们，不知我们的呼吁在多大程度上能得以实现。

走在被开发的大山中，我们的车上被"烟云"所笼罩。诗人艾若说，我来前想的是在这里可以诗意地感受大江的风采。现在

沙尘来了漫天飞起

我想的是，回北京我要去洗肺。

十几年前我在云南的大山里常常感受着大山的绿，如今的大山是黄色。

这场沙尘是突然而来的。在广州长大的翰扬说，这辈子还没见过这么可怕的沙尘突然扬起。

后来，杨勇告诉我们，不光是翰扬没见过这样的沙尘，离我们遇到沙尘不远处的攀枝花人，不管多大岁数的，都从来没有见过如此铺天盖地的黄沙。

这是自然现象，还是大山，大江在发脾气谁能说得清。但是从没见过，现在有了，我们不应无动于衷，特别是执政者。

今天，在我们行走的最后一刻，一路上和我们一起颠簸而行的车终于再也开不动了。一路上从没有对我们这么高强度用车而说一句话的司机尹尧兴不好意思地小声说："大家下车推推吧。"

我们把车推到一个能停车的地方已经是晚上9点多了，大家各自去找饭吃，只有司机一个人打着车去找修车的地方。等我们找到他时，他告诉我们，车修不好了，怕耽误我们的事，他给公司打了电话，公司派人连夜从昆明再开一辆车给我们用。

在我们向他说谢谢的时候，尹师傅说，我从小就想象着大江的汹涌澎湃。可是这次和你们一路走来，看到的大江和我想象的不一样，太可惜了。以后我退休了能不能也加入你们，也和你们一起走江河。

尹师傅不是第一个要加入我们"江河十年行"的司机，这对我们来说，是鼓励，也是希望。行走中，我们的声音在传递着。

9. 攀枝花市经济、社会发生了什么变化？

2012年3月28日，"江河十年行"来到攀枝花中国两大江金沙江、雅砻江的汇合处。丰富的水能资源和矿产资源决定了攀枝花在发展经济与保护环境方面面临着巨大的挑战。

今天，在两条大江的汇合处，明显的变化是金沙江的水更黄了，而原来江边那被染黄的石头倒退了些颜色。

三年前我们在这里采访了地质学家杨勇，今天我们再次问他

两江汇合处

攀枝花有哪些变化时，杨勇告诉我们："马上有两个电站要在攀枝花市区修建。"

开发旅游也是攀枝花人对未来的规划。可是马上就要把奔腾的两条大江变成平湖。

"江河十年行"从2007年开始跟踪拍摄这个排污口。第一年拍到时，这里流出的水完全是黄色的，而这几年水的颜色清了些。

2009年住在这里的居民刘大姐和我们说：排污口的排放一直在进行，相比于白天，夜间的排放水声更大，气味更浓。听到之后，我们

2009年拍到的排污口

2012年的排污口

决定夜里再去一次那个排污口。我们是夜里12点去的，看到的情况和白天差不多，水没有大，臭味也没有怎么加重。

今天我们再来到这里，除了听住在那儿的人继续抱怨着夜里的偷排之臭以外，还得知，2009年我们采访的刘大姐因肺癌去世快一年了。

我在网上曾看到《四川日报》上有一篇说攀枝花的文章。说的是2011年6月13日清晨，在攀枝花市东区弄坪片区的多个社区，居民们发现：地上、树上、汽车上，全都布满了一层黑色粉尘，就像下了一场黑雨。这些"不速之客"从何而来？对人体有没有危害？市民表示强烈关注。

2009年家住在这里的刘大姐

刘大姐因肺癌去世快一年了

攀枝花环境保护局对此事进一步调查，并于13日晚公布了初步调查结果：事件系攀枝花钢钒有限公司炼铁厂6月12日在对3号高炉进行大修过程中，非正常排污所致。目前，该市尚未接到有市民因粉尘受到不良影响的报告。环保部门将依照相关法律法规，对此次事件进行处理。攀枝花钢钒有限公司则发表书面声明：表示今后将进一步加强管理，并在工艺技术上不断完善，保证检修方案正常实施。

这篇文章上还说："由于此次排放的属大颗粒粉尘，不会直接吸入人体。"攀枝花目前尚未接到有人因粉尘对身体造成不良影响的报告。一些敏感人群，比如哮喘病人有可能出现咳嗽、咽喉痒等症状，但对正常人不会造成影响。

"江河十年行"七年了，我们确实看到了攀枝花的变化。但是日益发展的资源型工业城市，也让当地人和到攀枝花的人，在感受着那里的发展速度以外，也感受着那里江水的混浊与空气的呛人。

有记者曾问攀枝花市委书记刘成鸣，近年来攀枝花市经济、社会发生了什么变化？

刘成鸣说：2011年攀枝花地区生产总值达到645.66亿元，建成了国内最大、世界第二的钒制品生产基地，国内最大的钛矿供应和钛白粉生产基地，并基本形成区域性现代化中心城市的发展框架。在未来的发展中，攀枝花面临着国家新一轮西部大开发重点支持攀西等资源富集区集约发展、建设百万人口大城市等一系列重大战略机遇。时不我待，面对历史的重任，我们一定要倍加珍惜干事创业的机遇，开拓进取，奋发有为，积极抢占发展制高点。

记者说：在很多人看来，工业城市特别是资源型工业城市，往往和高污染联系在一起。

刘成鸣说：攀枝花建市之初的定位是工矿城市，环境污染一度也比较严重。但是，通过近年来的治理，攀枝花人居环境质量和城市生活品质大幅提升。近年来，我们投入60多亿元进行治理，实施治理项目500多个，关停淘汰100多家污染较大的企业，成功创建了中国优秀旅游城市、国家卫生城市、省级环保模范城市、四川省环境优美示范城市。下一步，我们将努力创建国家环保模范城市、国家森林城市、国家园林城市、全国文明城市、中国最佳旅游城市。绝不以牺牲生态环境和人民健康为代价来换取经济增长。

"江河十年行"2007年到攀枝花时，当地正在迎接国家卫生城市大检查，城市里到处都是标语和条幅。可是老百姓对此的积极性并没有政府那么高。对老百姓来说，他们更希望癌症的发病率能有所降低，呼吸的空气里臭味少一点，在他们看来那才是真正的卫生城市。

杨勇的家曾在攀枝花，那里还有很多他的朋友。他说，现在攀枝花要打造沿江景观带。可是，就要在市区里建起的两座大坝，将使现在还在自然流淌的大江不再奔腾，不再自由，那已经熟悉自己母亲河的攀枝花人到那时，会适应改变了模样，改变了性格的大江大河吗？

观音岩大坝在金沙江上

离开攀枝花，我们就到了金沙江上的又一座大坝观音岩水电站。观音岩为金沙江水电基地中游河段"一库八级"水电开发方案的最后一个梯级水电站。

观音岩位于云南省华坪县与四川省攀枝花市的交界处，上游接鲁地拉水电站，下游距攀枝花市27公里。电站水库正常蓄水位1134米，库容约20.72亿立方米。装机容量300（5×60）万千瓦。年发电量122.40亿千瓦时，年利用小时4080小时；工程概算总投资为306.96亿元。

杨勇对这个电站的担心是它与鲁地拉电站的首尾相连。他说："没有给大江一个喘息的机会，就又从江变成了湖。"

汶川地震后，就当前西南横断山水电开发态势，杨勇认为应该认真审视和研究，特别要重视地震地质风险。

杨勇说，横断山脉位于青藏高原东部，印度板块与欧亚板块相接。其特点是，活动性断裂构造十分发育，挤压、褶皱、隆起并伴随着引张、伸展、裂陷，形成了冷谷相间的纵列峡谷地貌和山间断陷盆地（湖泊）。这样的地质地貌为江河发育和水能富集创造了有利条件。但是，随着青藏高原第四纪以来的快速隆起，周边河谷如岷江、大渡河、雅砻江、金沙江、澜沧江、怒江等河川的强烈下切，高山峡谷和滩多流急的河谷形态还在强烈的演变中，区内断裂构造体系如鲜水河断裂、龙门山断裂、安宁河断裂、小江断裂、程海断裂、澜沧江、怒江断裂等频繁的新构造运动，使强烈的地震活动沿着这些断裂带频繁发生，河谷两侧高陡斜坡地上大规模的山体崩塌、滑坡屡屡发生，临灾危岩地貌发育。近年来，国内外许多学者越来越认识到在这些地质背景下灾变的可能性。

杨勇还说，发育在横断山脉的河流均受到地质构造的控制，而这些地质构造大多是活动性的，为地震多发带。特别值得注意的是，金沙江、澜沧江、怒江是地球上著名的三江并流，这样的格局在地球上也是绝无仅有的。

然而，横断山水电建设大多就分布在这些危险的河段上。

1）岷江紫坪铺电站坝址和库区位于龙门山中央断裂和岷江河湾转折端。紫坪铺水库蓄水运行不到两年，就发生了地震。

紫坪铺大坝

2）大渡河瀑布沟电站位于北西向的道孚—康定断裂（鲜水河断裂带）与北东向的龙门山断裂带南端的结合部。在这样一个已经休眠了数十年的地质危险区，未来一连串的高坝大库一旦蓄水运行，对地震活动的影响应该引起足够重视。

3）雅砻江：在锦屏山反"N"形大拐弯已开工建设锦屏Ⅰ、Ⅱ级巨型电站，上游一级坝高305米，库容77.6亿立方米。位于木里弧形断裂构造带和南北向的稻城—剑川断裂带复合地

地震后水库移民的家

质构造区，地质构造背景非常复杂，地震地质研究工作没有重大突破，地震活动性长期处于休眠状态，而相邻区在几百年中已发生数次强震，在其上下游正在实施梯级开发，将形成一系列高坝大库群，这对地震活动的影响不能不引起重视。

4）金沙江：在中下游石鼓以下规划13级。分别位于南北向的小江断裂带、安宁河断裂带、绿叶江断裂带，这些地区均为地震多发区。在建中的向家坝、溪洛渡、白鹤滩、乌东德，以及虎跳峡一库八级均为超巨型高坝大库电站，在金沙江中下游上首尾相连。这种布局和设计规模，在地质上同样是危险的。

5）澜沧江和怒江：处于板块缝合带和微缝合带，即澜沧江断裂带和怒江断裂带，为我国地震活动多发区。现在的水开发中国境内分别规划有澜沧江13级，怒江13级。

修了电站后的大渡河

移民花几十万建的新房子仅住了一年零六天

今天我们进观音岩电站时没有受到阻拦，但是出来却被挡住，一定要问我们进去找谁。我们中的记者拿出记者证说是拍大坝的，而且里面还有留下的记者在采访水电建设方，几经核实才终于让我们出来了。

离开观音岩，我们在车上谈起刚才的经历，有人说，进都进去了，不让出来，难道让我们住在里面吗？当过公安的摄影师李宏说："不会留下你们的，管你们这些人吃住的经费谁出呀？"

不知这是摄影家的笑话还是什么。

在继续前行的车上，我一直在想着杨勇的话，想着金沙江一个接一个水库的首尾相连，这些水库要是都蓄了水，可就不仅仅是我们今天拍到的大山的伤痕，而是大山的灾难了。

澜沧江上的曼湾大坝

不敢往下想，唯有按照我们的方式，"江河十年行"，想办法把有关今天金沙江上的开发，和科学家们的担忧让决策者和公众知道。

明天我们要去的电站是鲁地拉。上一次去我是"化了装"进去的，而同行的几个人就被警卫识破没进得去。明天不知我们能不能进得去？

10. 未来地图上的长江如何标出？

2012年3月29日一大早，我们的车就被截在一座大桥前。因为建电站这里就要被淹了，所以挺大的一座桥说是坏了，也不再修了。这让供租用

原汁原味的怒江

危桥

的小面包车和小摊小贩的生意兴隆起来。

"江河十年行"已经几次走过这座大桥了。2009年，我们通过这座大桥去了鲁地拉电站。那时，国家环保部刚因该电站没有通过环评就开工而叫停了这个工程。虽然是叫停了，可路边的人都告诉我们："去鲁地拉电站要过三道岗。"

后来，就是桥边一个摊贩帮我们找了一个工地上的车，带我们进到了鲁地拉电站。而随行的几位记者闯过了第一道和第二道岗，被第三道岗的警卫拦了下来。那次我进去了，给我们开车的人说，昨天晚上司机们突然都接到通知，今天不用出车。给我们开车的司机是因为有特别通行证所以还可以通行。

这位司机也不明白，怎么好好的就让车都停运了呢。

我不敢说叫停就一定与我们有关。但是前一天，我们几个记者确实找到了和鲁地拉电站一起被叫停的另一座电站龙开口电站的施工方，会是那边通告了这边吗？我们不敢瞎猜。

今天，在鲁地拉电站前，我们又被拦了下来。看门的人说是要到水电公司开介绍信才能进。我们拿出记者证，磨了半天也没有被允许进入。

在无望从大门进入后，我发现大门旁边有一条小路可以进到警卫后面的院子里。我们几个人就试着走进院里，这倒没有被阻拦。

进去后，我发现被滑坡冲过的地方有一条烂路。于是就顺着这条路像逛街一样地往里走。穿过了一个个滑坡，这些滑坡要是一个人过还是有些艰难的，很陡。我们是三个人手拉着手往前挪的，有些地方还要手脚并用。

越往里走，我们越兴奋起来。因为从前面被开凿的大山的破损程度看，这条路很有可能把我们带到大坝坝址前。

这些年，我们在考察、记录正在修建的电站中，被拦住过很多次，但基本上次次都通过了"封锁"线。今天，我们终于也走到了把金沙江再次拦截的鲁地拉大坝前。

大坝前，我们拍了照片。想想2009年看到的大坝工地，再看看眼前的大坝，不能不说速度真是够快的。2009年6月被国家环保部叫停的鲁地拉、龙开口大坝，后来又都获得了批准。就像前两天长江委原水资源保护局局长翁立达和我们说的："开了工的水电工程，不管因为什么被叫停，都还会再建，不会真的就停建了。已经花了国家那么多钱，几亿，几十亿了，能停吗？要是花私人的钱，能这样花的我想就不会

2009年的鲁地拉电站工地

2012年截断金沙江的水泥

多了。"

这两年和地质学家杨勇一起走大山，走大江，走大坝，也知道了一些大山的性格与活动方式的关联。今天看到的这些大山的"雕塑"是复式褶皱的山形，是泥石流的准备阶段，是山体滑坡的休眠期。

杨勇说，没有水泡它们都能随时"醒"过来。那褶皱——破碎——褶皱间的一千多米滑坡带，就是褶皱成为的滑坡泥石流的痕迹。而且，从大山的破碎可以看得出来，是被揉搓得很厉害的，揉得面积不仅大，而且很碎很碎。

杨勇曾撰文专门强调：横断山诸河流的河谷地质地貌的特殊性为崩塌、滑

大山的褶皱在休眠中

褶皱与破碎在运动中

坡、泥石流和水土流失，是世界上著名的地质灾害泛滥区，长期处于高发期。

据中国地质调查局2007年公布的调查统计：长江上游地域辽阔，地形高低悬殊，地质环境条件复杂，新构造活动强烈，地震频发，岩体破碎，生态环境脆弱，环境地质问题十分突出，危害巨大。

国家公布的调查统计还说：长江上游地区，地质灾害种类多，发生频繁，主要有滑坡、崩塌、泥石流、岩溶塌陷等，是中国和世界上地质灾害危害最为严重的地区。据初步统计，长江上

游地区地质灾害总数达21312处（不含"5·12"汶川地震新增地质灾害数12000余处），其中滑坡12678处，崩塌2568处，泥石流2756处，地面塌陷452处，不稳定斜坡2858处，已造成11269人死亡，直接经济损失2301510.51万元；目前受地质灾害威胁1454092人，威胁财产1807092.68万元。

金沙江边年轻而活跃的山就是这样的

中国地质调查局在《长江上游主要地质环境问题调查报告》中认为：横断山区地质灾害对水电建设的影响有：

1. 山体崩塌滑坡：横断山诸河流有下列特征的山体崩塌滑坡：

高发崩塌和泥石流的大山形状

①水流下切造成的山体临空扩大，山体失稳而发。历史上有数次特大型山崩记录，目前也存在着正处于临灾的危岩山体，体量数千万立方米到数亿立方米。

②断裂破碎带中正在孕育生成的欲崩危岩。

③工程爆破（或者各类施工过程中适时集中大爆破）或地震发生时形成的山体裂缝欲崩危岩等次生灾害，处于临灾之中。山体崩塌滑坡埋没电站设施，阻断交通和输电线路，引发水库浪涌甚至漫坝；特大山崩阻断河流形成堰塞湖，溃决水头对大坝造成

威胁，山崩区往往形成持续发育、具有周期性成灾特征的山崩区和泥石流源，丰富的物质源源不断的输入河流，侵占库容。

2. **泥石流和水土流失：**

横断山区稀疏的植被，破碎的地貌，过度的土地利用和水电建设、矿山开发以及干热河谷特性，造就了横断山区是地球上著名的泥石流多发地和水土流失泛滥区，使区内不少地方丧失生态功能和生境条件。泥石流在横断山诸河流的分布特征是成群成带分布，很多冲蚀支流成为泥石流的通道，在沟口处往往形成大型冲积扇并阻挡河流，光秃破碎的山体往往形成破面泥石流，每年向河流输送大量泥沙物质，新的泥石流沟还在不断扩展。大部分通过地表径流和泥石流输入河川水库。

带着对大山和大江的担忧，我们离开了鲁地拉大坝工地，本以为出大门时会再次被阻拦。可没有进去的人说，警卫确实叫来了电站保卫部门的人来盘问我们。但是听了后没多说什么就又走了。做过公安的摄影师李宏再次诙谐地说："你们那么多人要吃要住，留下你们太麻烦。"

祭奠大江

　　不知这是李宏自己的思维方式，还是人家就是这么想的。本来，我们不就是想为中国的大江大河做记录吗？难道也犯法？

　　离开鲁地拉电站，我们的车向另一座大坝——龙开口电站开去。路上看到金移村的牌子，于是我们的车向山上开去。这是金沙江一库八级其中一级金安桥电站的移民村。

　　2009年"江河十年行"到这里时，我记得最清楚的一幕是孩子在我问他们，你们现在最想要什么时的回答："我们想洗澡。"

　　原来住在金沙江边的孩子，一下子被移民到了大山上，家里虽安装了淋浴设备，可是没有水。住惯了江边的孩子想洗澡，让人听了心酸。

　　今天，我们走进这个水电移民村，我没有找到三年前见到的那些孩子。空荡荡的村子让我们每一个来的人都急切地

"空城计"

2009年，想洗澡的孩子们

想问个究竟。这两年我一直挂念着，那里的孩子们有澡洗了吗？

今天知道，孩子们的爸爸妈妈选择解决的办法是，离开。

在空荡荡的村子里，我们还是找到了一家开着的小卖部。

男主人无聊地在看着电视。货架上稀稀落落地放着一些食品。从他那里我们得知，有一大半人回到原来的村里去了，因为没有水。不光是浇地没有水，喝得水也不够。

小卖部的女主人一直是笑着回答我们的问题。我们当然看得出来，那是多么无奈的笑。在有人关注自己面对不公时，不是哭，而是笑，内心要承受多大的痛苦谁能知道呢？

现在，每个月政府给金移村每人300块钱。可是，没有庄稼种了的农民，处处要用钱，这点钱又怎

我们的地全被水库淹了，
回去住哪儿，在这儿凑合着吧

三年了庄稼种不成

么够用呢。况且，这可是一群原本家住大江边，种一年吃几年的农民。移民前和移民后，巨大的生活落差让他们去找当地政府和移民局，但得到的答复总是要解决的，要解决的。三年了，还是没有解决。

地没有水浇，老天爷又是让这里三年连续大旱。从这位汉子焦急的目光中看得出，这里移民的生活遇到了大难。

2009年龙开口电站工地

2012年龙开口大坝已基本建成

车上三位记者决定不继续往前走了，留下来好好采访一下这个村的问题到底出在哪儿，农民的这些问题到底有没有人管。这是记者的敏感，也是记者的责任。"江河十年行"就是靠这样的记者用自己的眼光和视角，去记录今天中国江河的变化，记录生活在江河旁边老百姓生活的变化。

2012年3月29日傍晚我们到了龙开口电站，和我们2009年来时比，这里也是一个要速度的范例。

从鲁地拉到龙开口，从大山到大江，从江边的褶皱，到江边的野花。今天整整一天，我们目睹的一切不会是过眼烟云。我们中的诗人艾若有诗云"金沙江死了"。为了不让"金沙江死了"成为事实，我们还希望用自己的微薄之力，努力留住大山边的大江。

11. 大旱泸沽湖

2012年3月30日早上，我们从丽江古城前往阿海电站途经玉龙雪山。景区大门守卫站了一大排，他们拦住我们说每人180元门

票。我们说：我们不去景区，是路过这里去阿海采访。

不管怎么说，一定要付180元门票才能通过。

明明是国家修的路，可却是景区在收钱。2010年，为了"逃票"，我们是早上5点以前通过这里的。

180元对于我们这种AA制的江河保护行动不是一个小数字。

此行12天，每个参与者付3000元人民币。路上有参与者认为民间组织做事一定要信息公开，民间组织做事需要这样的民主程序。所以"江河十年行"路上的记账，连上厕所的一块钱都有。

志愿者艾若第一次参加"江河十年行"，他主动承担起了管钱的苦差事。本想在大自然中好好写写诗，写写大江大河。可每人3000块钱在大山里吃、住、行两个星期，为了给大家省钱，他真是要一分钱掰成两半儿花，要一笔不落地记账。这样一来，艾若只有不睡觉和在路上的颠簸中抒发他诗人的情感。和艾若同屋的央视记者李路拍下了他每天晚上把发票铺满一床算账的场面。李路说，艾若在梦中都会喊出：发票，发票。

我笑称，我们民间组织的民主，把一个诗人变成了会计，不知是人尽其才，还是这就叫民主。

"江河十年行"在大江大河边行走，七年的记录中，大到如何影响江河发展的决策、与地方政府和水电集团的博弈；小到一些记者的单位不为记者采访出钱，参加谁组织的活动，钱就要由组织方付，以至于由民间组织发起的"江河十年行"还要为记者们的采访找钱；还有，早上出发，迟到的罚为晚餐买单的游戏规则和为花钱上厕所后的记账，等等，作为组织者，一个难字，怎能说尽其中的苦与乐。一个行字，又有多少故事可以向关注江河的朋友及后来人诉说。

在玉龙雪山景区的大门前，为了省这180元门票钱，当然也有对这一不合理收费的抗议，我们开车往回走，找到了刚刚快到景区前，一群妇女喊着可以带人进去的地方。商量的结果，一个人20块钱，他们带我们走一条新修的路去阿海。

在中国，很多时候想不违点"规"都不行。明明是公路却要收旅游区的门票，这些景区的票贩子和守景区大门的人，又是什么关系呢？离景区那么近，他们就敢招揽生意？我们没有时间调查这些，但是丽江如今的商业化，景区拦路的"霸道"，我唯一能做的，也只是在这里写上一笔。

去阿海的新路还没有修好，我们的车在颠簸中前行。

阿海电站，2008年我们去时，赶上第二天国家环保部来做环评验收。

这几年，"江河十年行"进电站总要遭到门卫的阻拦。但我们的运气和执着又总能让我们不管用什么办法都进去了。2008年在阿海采访，我们不但混进了工地，竟然还以想看看大坝为由，坐上了一位进工地的工程师的越野车。而且，这位工程师也没有阻止我们"长枪短炮"的拍摄。那次看到阿海大坝虽然还没有通过环评，但已花了十几个亿的工程是不是符

2008年的玉龙雪山

合法律程序？这位工程师想没想过？我很想问问，但没敢问。先拍下来的记录对我们可能更重要。

2008年，站在只有一步之遥就要被截断的金沙江边，地质学家杨勇说："在这样复杂、活跃的地质结构上建这么大的大坝，现在我们的科学技术是否达到了安全、可靠的程度？应该说还是值得研究的。"

2008年没有通过环评前阿海那儿的金沙江已成了这样

2008年我们来阿海时，工地上就写着要"阿海速度"。看来工人们的努力实现了，三年的工夫，大坝已经很有规模了。站在大坝形成的高山平湖旁，我们看到这样的大标语，"金沙水能兴云岭，大浪淘沙见真金"。而这金的含金量是什么？怎么得来的？又付出了何等的代价？

2009年的阿海大坝

2012年走进阿海大坝

在香港大学学经济管理的魏翰扬，说到中国西部的江河如数家珍。这几年每到寒暑假他会一个人，一个水坝一个水坝的去走，去观察，去记录。

每次就要结束"江河十年行"时，央视记者李路总是让每个参与者说说一起走江河的感慨。今天，因有事要提前结束与我们一起行走江河的翰扬追着李路，要说说初次参加"江河十年行"后自己要说的话。他说的是："金沙江今天被破坏的程度让我震惊，从事保护大自然的工作将是我一生的选择。"

听翰扬这样说后，横断山研究会的年轻人郑天成也说了这样一种心情："明天的地图上将怎么标出我们的母亲河长江。"

在"江河十年行"的大巴课堂上，郑天成说自己看地图会看哭了。因为他不能想象今天地图上标出的那些流着的大江大河，明天要是没有了怎么办。在我们的行走中，这个喜欢研究地图的年轻人，隔三差五会给我们每个人的邮箱里发上一封信，告诉我们，"江河十年行"2012年在大江中穿行时，是第几次渡过金沙江了；他会告诉我们，我们所走过的每一个小地方的地名，还有每一个坝址的所在地。

自然之友的张伯驹，这些年为留住金沙江上的小南海自然保护区，真可以用得上这个词了：奔走呼号。3月29日，小南海电站还是动工了，他在网上找到新闻稿连夜做了自己的解读发给大家。他解读有六点：

一、此番中坝岛之活动，是"小南海水电站"的奠基典礼，同时也是"小南海水电站三通一平工程"的开工仪式并非之前我们理解的"三通一平奠基仪式"。也就是说，从昨天起，三通一平就正式开工了。

二、新闻中有一些重要数据，与之前我们了解到的情况有很大不同，甚至更严重：

本新闻中提到小南海电站装机量"200万千瓦"、平均年发电量"102亿千瓦时"、库容未知。而《长江流域综合利用规划报告1990修订版》显示，小南海水电站装机量"100万千瓦"、平均年发电量"40亿度"、库容"28亿立方米"。最近两年我们在网上查到的数据装机容量为"175万千瓦"。这些数据变化表明，小南海电站的真实装机总量和年平均发电量都大大超过原有的规划。

通过这几个数据的对比，推测（新闻中没有明确以下几个数据，故只能推测）小南海的主坝高度将要比原规划更高、蓄水水位更高、库容更大、库尾由白沙向更上游推移。依此推测，小南海电站造成的江段静水长将更长，对于漂浮性卵类鱼类的负面影响将超过先前预期。

关于这一点。我们应该尽快向重庆市发改委等部门申请信息公开，以求尽早拿到重要数据指标，以支持我们的论证和行动。

三、新闻中提到小南海水电站的修建，是依照1990年《长江流域综合利用规划》的结果。但是，在2003年版的《长江流域综合利用规划报告1990修订版》中，明确提出了小南海水电站"经济效益不显著，不推荐进行开发"，但是，这一重要信息明显被业主方和重庆市所忽略了。

四、新闻中提到的"巨大经济效益"有四种，分别是"发电"、"航运"、"拦沙"和"引水（灌溉）"，我们曾对其中的发电和拦沙两个功能进行过较系统的批驳论证，而根据我这一次的实地考察，位于库区接近坝址的白沙沱大桥桥面，距离未来的蓄水水位（195米）较近，这样的净空高度很可能让大型船舶的通过受到限制。

而灌溉方面，除了"川南都江堰"、向家坝工程的因素外，还有一些方面值得仔细论证。

五、关于鱼类，新闻中说道"先后委托专业单位，展开了长江上游珍稀特有鱼保护"等十余项研究，形成了"系统的保护认识"和"生动具体的保护实践。可以说，在这方面，新闻说得含糊，却又不得不提到。

今后我们还要就这个问题，追问他们到底做了哪些研究，有哪些"具体"的保护实践。并继续死抓鱼类的问题。

六、纵观今天各媒体，除了华龙网、重庆电视台以外，尚无其他报道。

今天，天快黑的时候我们走到了泸沽湖，这是我们走向梨园电站的必经由之路。

老问题又来了，要买100块一张的门票才能从这条路经过。天已经快黑了，我们已经走了整整一天。司机殷尧兴天天为我们开十几个小时的山路，一句怨言都没有说过。前两天还说退了休也要加入到我们保护江河的行列中。这样的好人，我们实在不能再累人家了。一定要尽快找个过夜的旅馆。

有意思的是，泸沽湖看门的人听说我们是走江河，是希望留住江河的自然，是从这里过路，最终竟然免了我们五张门票。这让我们小小的高兴了一下。

但是我们的高兴很快被忧虑所取代。我们就要进入泸沽湖景区时，看到大旱中泸沽湖

在路上

金沙江边的田野会因大坝的修建沉入水中

畔的小草海全干了。黄黄的土地让人难以想象这里过去是湿地，是绿色的一片。

晚上我在网上找到中国广播网上有关云南大旱的一些消息：

今年云南遭遇百年不遇的干旱。根据云南省气候中心最新

发布的未来30天气候趋势预测，云南省大部自3月16日至4月15日间，仍将持续气温偏高、降水偏少的趋势。从目前的趋势分析，雨季到来以前全省干旱解除的可能性不大，云南极有可能出现秋、冬、春和初夏连旱的局面。

从历史上看，影响云南最严重的干旱并非秋、冬连旱，春旱和初夏干旱才是最主要的。其主要的原因，一是在云南的粮食作物构成中，夏粮仅占14%-20%。而进入春季以后，大春作物开始陆续育秧和播种，春旱和初夏旱是对农业生产产生更大影响的灾害。

另一方面，由于水库、坝塘、水窖等蓄水设施上年蓄水量严重不足，很多现在已经逐步干涸，对春季用水也构成了威胁。

从这个意义上讲，云南所面临干旱的后续形势将更加严峻的，一旦出现秋、冬、春、初夏连旱，干旱的损失将难以估计。综合评定云南省目前的干旱为：秋、冬、春连旱全省综合气象干旱重现期为80年以上一遇，其中滇中、滇东及滇西东部的大部地区为百年以上一遇。

良好的生态环境是

从未经过如此大旱的泸沽湖

大旱中泸沽湖畔的草海全干了，不知明天的泸沽湖会怎样

泸沽人家

云南最大的特色以及发展的重要支撑，但如果发展路径不改变，兴建再多的水利工程，水荒、水少、水脏等问题依然难解。

然而，随着西部大开发"十二五"规划的启动，西部10省（市）的新一轮发展已拉开大幕。依靠本地区资源能源优势以大规模投资拉动始终还是西部发展未变的主线。可是，面对连年的大旱，连泸沽湖这样水美，山绿的大自然也无法逃脱大旱，是不是已经到了要拷问我们的发展路径是不是有问题的时刻了。

12. 忽必烈的古渡将在水中诉说往事

2012年"江河十年行"行走的最后一个电站是金沙江中游，现在正在建设中的最上面的梨园电站。

今天泸沽湖边的小草海

3月31日一大早，我们从泸沽湖出发后，就在大山里穿行。

因为大旱，泸沽湖的水位下降，周边的小草海干涸，这些都让我们关爱江河，热爱大自然的人十分的担忧。这到底是全球气候变化，还是人为的干扰呢？"江河十年行"在记录，可是做出判断并不是一件容易的事。

离开泸沽湖，我们很快就又看到了金沙江，地质学家杨勇告诉我们，泸沽湖原来从金沙江的水流来。可是人为的改造，让今天的泸沽湖已经和金沙江没有了关系。

今天在大山里走，我们再见到金沙江时，江水的绿，让我们兴奋。可曾在这里漂流过的杨勇和李宏却兴奋不起来。他们让我们仔细看看，这是一条没有激流，甚至是死气沉沉的大江。杨勇说：这是阿海水库的库尾，是水库了，不是大江。

我们在找渡船过金沙江时，杨勇告诉我们要去的渡口是当年忽必烈攻打南诏国时，蒙古大军渡江的古渡，古碉现在还在。

原本是激流的金沙江成了今天这样的一条"丝带"

我想在网上找找这个元代就有故事的古渡。可是，有关古渡的介绍我没有找到什么，倒是回族作家马海的《金沙江一起奔流》作品，让我边读，边寻找着曾经见到过，现在还在心中流淌着的金沙江。

金沙江里有多少朵浪花就有多少个奇幻动人的民间传说；金沙江里有多少个漩涡就有多少个土著秘史；

金沙江里有多少个险滩就有多少首哀婉的民谣；金沙江里有多少个礁石就有多少个求生的信念；

金沙江上有多少个回沱就有多少个老人在酒碗里讲述历史；

金沙江上有多少个渡头就有多少个拯救苍生的英雄；

金沙江上有多少只苍鹰飞翔就有多少个亡灵通向天堂；
金沙江畔有多少个村庄就有多少条抵达家园的路径；
金沙江畔的路上有多少块石板就有多少支马帮踏破洪荒；
金沙江两岸有多少险壁危崖就有多少个不老的图腾；
金沙江两岸有多少头牦牛就有多少种秘语咀嚼岁月；
金沙江两岸有多少座山峰就有多少个站立不倒的硬汉；
金沙江两岸有多少条支流就有多少个驮着月光的女人；
金沙江两岸有多少个火塘就有多少个酒碗里升起太阳；
金沙江两岸有多少个土司就有多少支弩箭射出自由；
金沙江两岸有多少土匪就有多少朵野花溅着血泪；
金沙江两岸有多少种声音就有多少种文化……

没有水库的金沙江大滩　拍摄／李宏

正在施工中的阿海电站　拍摄／李宏

今天。我们再也看不到金沙江的激流了。站在今天的金沙江古渡边，我想想着马海笔下的金沙江。

看看我们今天拍的照片，怎么想象李宏拍到的曾经的金沙江呢？

参加2012年"江河十年行"的律师张万成在古渡赋文一篇：今晨离开泸沽湖，在莽莽群山中行进。中午过后，在格囊古渡过金沙江。元朝忽必烈攻打南诏国，蒙古大军在此过渡。渡口的古碉，残垣断壁，向所有有心凭吊者诉说着古战的狼烟。此处系阿海电站的库区，蓄水前此处壁立千仞，乱石穿空，惊涛拍岸，甚为壮观。蓄水后，高峡出平湖，波澜不兴，水如绿玉，病态凸现。急流奔腾的金沙江，被大坝锁住，犹如笼中困兽，千古风采，今朝顿失！痛哉！

即将沉没于水中的金沙江边的元代忽必烈征战时用的古渡

让杨勇更担心的是，江边的这些岩壁。杨勇说：这些都是沉睡中的岩体，一旦被水泡了，就很容易形成塌方和泥石流。杨勇焦急地对我们说的还有：这些地质状况，修水坝的人有没有认真

坝边的开裂

对待？江边的地质，有着它们各自独特的个性。现在是看不出对这些特质的地貌有什么特殊的对策。蓄水后，真的发生地质灾难

就要伤及到人民的生命，也包括国家的财产。

地没有了，一个月50块钱怎么过？

水库蓄水在即，最后一次来上坟的移民和我们聊天时，他们更有意见的是，已经搬家了，可政府答应要给的补偿要么是还没有到位，要么就是给得太少，连吃饱肚子都不够。还有上学的孩子，搬迁后，要到很远的地方去上学，对才刚上小学的孩子来说，走那么远，真是太难了。

2010年"江河十年行"时，我们知道，还没有通过环评的梨园电站已经基本上大江截流了。这些年几家民间组织一直在网上找着梨园电站的环评公示报告，可是没有找到。

按照今天建大坝的速度，三通一平在没有环评前。是完全可让大江只有一步之遥就截流的。

前往梨园电站的路上，地质学家杨勇还一直在和我们讲着这里是地震断裂带，这里的大山很活跃。他真的是着急呀。

2010年的梨园电站

我想的是，中国水电建设的速度一定是可以用得上"惊人"二字的。

不过，今天我们看到的梨园电站，和

2010年比，让我们再怎么想，也想不到它的建设速度。

在这样的大山和大坝前，律师张万成质疑：法律如何面对这样的建设？

摄影师李宏说：我曾在这里的激流中漂流，现在激流在哪里？

2012年"江河十年行"，横断山研究会的邓天成把我们从3月20日出发，到3月31日记录最后一个电站梨园，每天的行走路线都记录下来。

我们的考察累计渡过长江25次，其中川江段4次，金沙江21次。

共计途径省级行政区3个，其中一个直辖市为重庆市；二个省为四川和云南；

地级行政区11个，其中四川7个，成都、资阳、内江、泸州、宜宾、凉山彝族自治州和攀枝花；云南4个，昭通、昆明、丽江和大理白族自治州；途径县级行政区49个。其中：四川成都2个，双流县和龙泉驿区；四川资阳两个简阳市和雁江区；四川内江4个，资中县、市中区、东兴区和隆昌县；重庆7个，荣昌县、永川县、璧山县、九龙坡区、大渡口区、巴南区和江津区；四川泸州两个，合江县和江阳区；四川宜宾5个，江安县、南溪县、翠屏区、宜宾县和屏山县；

云南昭通4个，水富县、绥江县、永善县和巧家县；四川凉山彝族自治州5个，雷波县、金阳县、宁南县、会东县和会理县；云南昆明8个，东川区、寻甸回族彝族自治县、嵩明县、官渡区、盘龙、五华区、富民县和禄劝彝族苗族自治县；四川攀枝花3个，东区、西区和仁和区；云南丽江5个，华坪县、永胜县、古城区、玉龙纳西族自治县和宁蒗彝族自治县；以及云南大理白族自治州两个，宾川县和鹤庆县。

考察电站预选坝址3个（依次为小南海、银江和金沙），建设工地9个（依次为向家坝、溪洛渡、白鹤滩、乌东德、观音岩、鲁地拉、龙开口、阿海和梨园）。

回到北京后，我们还会把这些电站和我们前六年的记录加以比较，也会把这些电站已经发生的变化及灾难一一加以分析。这将成为我们对中国西南六条大江写史的组成部

镜头中的大坝和小花，自然与人为共存

分，供今天的决策者参考，让后来者引以为戒。

13. 澜沧江的水哪里去了？

2012年4月1日，"江河十年行"大部分队员要离开丽江返回。

临走前，看地图能把自己看哭了的郑天成把他手绘的2012年"江河十年行"路线图拿给大家。

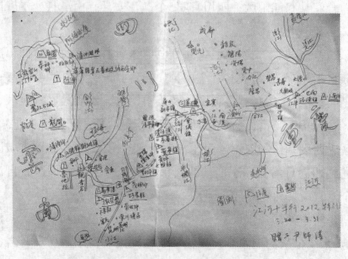

2012年"江河十年行"路线图

金安桥大坝　拍摄／李路

　　已经和我们一起走了6年"江河十年行"的中央电视台记者李路，一个人去补拍我们这次大部队没能去的金安桥电站。前两天三位记者留在金移村采访，采访中他们得知，不少金安桥电站移民因为新村没有水，又回到了老村。可要命的是，老村没有淹到的房子和新搭的临时住处，都正在受着水库蓄水后滑坡和泥石流的威胁。

　　金安桥电站，当时就是在环评没有通过时开工的，建了大坝蓄水后的地质次生灾难已经在频繁地发生着。而被移到山上的移民，因没有水喝和浇地，开始回迁，这些都将是我们要跟踪和记录的变化。

　　今天，我和诗人艾若与中央电视台节目组继续前往怒江制作大型纪录片《生态》。这是一部将要和美国好莱坞合作的生态节目。中国的生态，引起了拍摄《阿凡达》的两位摄影师的关注。

　　从丽江到怒江要经过大理，走出大理就是澜沧江。2006年"江河十年行"我们第一次经过澜沧江这个拐弯时，我们在这里拍了不少照片。

　　"江河十年行"的第一年2006年和第七年2012年相比，澜沧江已经有了很大的不同，这就是"江河十年行"要的记录。当然不仅要照片，也要去寻找变化的根源。

2012「江河十年行」纪事

2006年澜沧江拐弯处

2012年澜沧江拐弯处

澜沧江是中国西南地区大河之一，也是一条亚洲的国际大河，是世界第六大河，亚洲第三大河，东南亚第一大河。澜沧江—湄公河发源于青海省玉树藏族自治州杂多县吉富山，其源头位于海拔5200米之处。从源头算起，全长4909公里。流出国境称湄公河（Mekong River），为缅甸、老挝的界河，经缅甸、老挝、泰国、柬埔寨，在越南南部胡志明市（西贡）南面入太平洋的南海。在中国境内河长2179千米，流域面积16.4万平方千米，占澜沧江—湄公河流域面积的22.5%。支流众多，较大支流有沘江、漾濞江、威远江、补远江等。

澜沧江上中游河道从青藏高原穿行在横断山脉间，河流深切，形成两岸高山对峙，坡陡险峻的V形峡谷。下游沿河多河谷平坝，著名的景洪坝、橄榄坝各长8千米，已初步拟定在干流上兴建24级梯级电站。径流资源丰富，多年平均径流量740亿立方米。水力资源理论蕴藏量3656万千瓦，可能开发量约2348万千瓦，干流为2088万千瓦，约占全流域89%。

今年，是澜沧江经历的第三年大旱。2010年有记者沿江而走后写下了这样的报道：

大旱中的澜沧江

记者从云南的罗平县出发，沿着该省旱情分布图中的特大干旱区一路西进，陆良县、富民县、直至抵达滇西的宾川县。一路所见，人们在不断降低自己的生存标准：喝脏水、不洗澡、不刷牙、不洗脸；相关部门则仓促应对：送水、打井、挖沟建渠等，虽各方已竭尽所能，但似乎还是不能阻止旱魔一点一点地侵袭。

记者也拔了一根油菜，看见虽然也已挂果，但将它外壳剥开，里面找不到一粒油菜籽。朱美香今年种了将近4亩油菜，因为此次特大干旱，油菜颗粒无收。在箐门口村，这样的画面很常见。这让人产生莫大的疑问和恐惧：如此灾情面前，我们就真的无解吗？

其实，不仅是云南，从2011年秋天到2012年春天，我国西南地区的四川、重庆、贵州、云南等省份遭遇了百年罕见的三季连旱，大面积的农田减产甚至绝收，水库、池塘干旱见底，很多地区人畜吃水困难，连壮观的黄果树瀑布也变成了涓涓细流。

就在中国积极组织抗旱救灾的时候，突然传来一则消息：湄公河流域的东南亚四国，将联合向中国政府提出交涉，称中国在湄公河上游（中国境内河段称为澜沧江）进行水坝建设加重了下游的旱情，要求中国重视下游国家用水的权利，对自己境内的水坝建设进行控制云云。

对于此事，中国政府给出了回应，结论是中国进行的水利建设不会加重旱情，下游四国的缺水现象是因为它们所在的地区也遭遇了严重干旱，降雨太少。另外中国强调自己是负责任的大国，会充分注重下游国家对资源的要求，并搞好友好沟通。

湄公河水资源的争执其实并不是大旱发生后才开始的，在此之前各国之间一直有争议。在一般年景，湄公河流域的降水是比较充沛的，河流上下游各国并未对水资源有过多大的忧虑。

而2009年至2010年的大旱，波及区域不仅限于中国的西南地区，还影响了中南半岛的大部分地区，这恰恰是湄公河流域所在区域。这场大旱对于中国来说，影响是局部的，毕竟中国是个大国；而对下游的越南、泰国、柬埔寨等小国家来说，这种灾害就是全国性的。更重要的是：这些国家农业人口占很大比重，农业的大幅度歉收会对其国民经济造成非常不利的影响。

现在有一种说法，巨大的天灾使这些国家的政府深感压力，老天又不照应，迟迟不降雨。于是乎在危难之中他们找到一根救命稻

湄公河上的洞里萨湖

湄公河人家

草——中国的影响，他们说是中国筑坝截水使下游更加干旱。

湄公河畔的大树与古庙

其实，下游的泰国、老挝也曾有在湄公河上筑坝修水电站的构想，但一来湄公河进入中南半岛后坡降明显变缓，修筑水库难度较大；二来这些小国的财力有限，造大型水库比较吃力；三来在建设投资、选址、收益等方面各小国之间有矛盾，总是摆不平。

也就是说，他们也动过筑坝截水灌溉发电的念头，就是没干成。中国早在上世纪80年代就开始系统地规划澜沧江干支流梯度水利设施建设，干流上的漫湾、糯扎渡、大朝山水电站已经建成并投入使用，规模更大的小湾电站

澜沧江边没有旱情的农田

也已经蓄水，2012年全部机组投产发电。

大旱还在云南继续着，"江河十年行"也还要再继续三年。全球气候变化、2005年底的印度洋海啸，深层冷海水翻上来影响了大气环流、澜沧江上游建了太多的大坝、农田水利设施年久失修等等，这些都有可能是云南连续三年大旱的原由。"江河十年行"在行走中寻找答案。

14. 又见怒江，又见怒江

2012年4月2日，我第十二次见到怒江。

或许因为高黎贡雪山和碧罗雪山的雪山正在融化中，怒江的颜色没有我们"江河十年行"每年冬天来时那么绿，像怒江的傈僳族姑娘那么温柔。今天我们看到的怒江，更像江边的人说的雪山融化后的怒江，更像傈僳族的小伙子剽悍。

刚刚走完被我们人类截成一截一截的金沙江，再看到大江的激流，我哭了。

我们人类一定要富裕到一定程度才关注自然吗？

家住大江边，热爱自然的人一定是穷人吗？

这两个问题我在黄河源拍到大河源头那美丽的落日时问过自己？今天在怒江"老虎跳"的激流前，我再次扪心自问，穷＝美，富＝丑？

2012年"江河十年行"领队艾若写过很多诗，但是这些年他的诗性因久居城市而淡了。这次走江河，大自然的自然和大自然因人而有的改变，让他再次诗性大发。特别是在金沙江看到大江的呜咽，在怒江看到最后的激流，他写下：

怒江的激流

建了水电站后的金沙江

江河十年行金沙

江河十年行金沙，
蜿蜒蹒跚过彝家。
大坝锁水人鱼泣，
夜走蜀道是悬崖。

2012.3.24　22：00　艾若
于四川凉山彝族自治州金阳县
金沙江畔

电站边的金沙江两岸

迂回川滇处处坝

迂回川滇处处坝，
白鹤滩又锁金沙。
江遭封喉月呜咽，
大旱之夜哭巧家。

2012.3.25　艾若途经云南巧家县

长江死了

鲁地拉
复式褶皱在亚洲象的最深处
金沙江于此遭遇封喉
一潭浑水无微澜

长江死了
长江死了

黄泥汤呻吟着
大滑坡蓄势着
山崩地裂蛰伏着

唯有三角梅花开灿烂

长江死了
长江死了

江成沟
河成库
鱼绝户
三十八座大坝欲锁江流

长江死了
长江死了

英雄祭奠
勇士扼腕
诗人徒叹

长江死了
长江死了

青山绿水胡以归

2012.3.29 艾若于云南丽江永胜境内鲁地拉水电站大坝施工现场

春夜泸沽湖

春夜泸沽湖，
金沙一滴泪。
摩梭女儿国，
从前何以媚。

2012.3.30 艾若于云南省宁蒗彝族自治县泸沽湖畔

钢筋水泥山河破

钢筋水泥山河破，
一路大坝到奉科。
黑碣遥想忽必烈，
金沙曾经怒吼过。

2012.3.31 艾若于云南玉龙县奉科乡恒可村

最后的怒江

高黎贡山
碧罗雪山
夹着一条愤怒的江
那是我们最后的怒江

怒江大峡谷半山腰上
怒族人用额带背箩筐
以阿茸溜索倒行于天堑间

太阳被碧罗雪山遮蔽着
阴翳下的老虎跳早已按捺不住
激流湍急
澎湃咆哮
怒吼而下

为了心爱的少女
老虎王子奋力一跳
飞跃怒江

石门关峭壁能否幸免不被凿洞切割
石月亮凄美的神话能否继续传说
逐利者的坝欲仍在虎视眈眈
时刻阻隔

金沙不江
澜沧不澜
难道还要怒江不怒

长漂勇士祭金沙
环保疯子守怒江

最后的怒江
愤怒的怒江
活泼泼地唱着
傈僳人怒人白人独龙人藏人普米人纳西人的歌
奔流不息
奔向萨尔温江
奔向印度洋

2012.4.2 艾若于云南省怒江傈僳族自治州福贡县

在我去了十次怒江后，写《深情的依恋——怒江》一文时写了这样一段：绿色的怒江，天然的温泉被当地人称为天河。用科学家的术语来形容则是：怒江从河源流来，沼泽区之间，河谷开阔，纵比降小，水流缓慢，两岸是5500米至6000米的高山，属高原地貌，现代冰川发育。河床是松散的冰川沉积物。我曾到过北极，那里冰山的颜色是湛蓝湛蓝的。那怒江江水的蓝绿，与河床为松散的冰川沉积物融化而成是不是有着一定的关系呢？

"三江并流"被联合国教科文组织评为世界自然遗产时有这样一段评语："三江并流"区域是一部反映地球历史的大书，这里丰富的岩石类型、复杂的地质构造、多样的地形地貌不仅展示着正在进行的各种内外力地质作用，而且蕴藏着众多地球演化的秘密，是解读自古至今许多重大地质事件的关键地区。

　　"三江并流"怒江、澜沧江、金沙江，之所以在藏、滇、川交界处，形成南北走向紧密并流的态势，

2004年第一次到怒江

正是受印度板块东北缘接合带密集的近南北向的断裂带控制。在怒江州境内，怒江河谷近乎于一条直线，被挟持在高黎贡山和碧罗雪山之间。怒江河谷，是沿着著名的怒江大断裂发育形成的。"三江并流"所以能成为世界自然遗产，要归功于三江地区集中体现了地球的地质动力特征，是世界上挤压最紧、压缩最窄的巨型复合造山带。受到巨大的挤压、片理化和直立岩层，这些都构成了三江地区岩石的显著特征。

　　站在怒江前，远望大山尖上的一个圆圆的洞，那洞的面积据说能并排放下40辆小轿车，洞里还长着三棵大树，它被当地人称为石月亮。每次走到这，来的人都要站在大江边细细地看看这座大山。

　　2011年年底，我们走过石月亮没有多久，就看到了怒江中因马吉电站而进行的勘探。我拍下来放在了我的微博上。

　　感谢微博，在我很无奈的时刻，微博让我有了个通信儿和抒

2006年"江河十年行"怒江边的石月亮

2012年怒江边的石月亮

发的地方。

和2011年12月"江河十年行"走到这里相比，今天在马吉电站勘探的江边，我们没有看到什么人。当时正是清明节，是放假了，还是停工了，我们也没有找到人问。只是心中在祈祷。

今天的怒江还是绿色的，今天怒江边的大山还是绿色的。

看到这绿色的江水和绿色的大山，我忍不住地又要和曾经也是绿色的江，绿色的山，今天因我们人类的行为而变了颜色的金沙江相比。

2004年，我第一次到怒江时，在怒江的石门关旁，赶上一家人在盖新房。村里来帮忙的人们手里递着石板，嘴里唱着号子。一位皮肤黑黑的姑娘对我手中的录音机挺感兴趣。我问她什么族？她说是藏族。我问她你从小就住在这吗？她说不是，是找他来的。说着指指站在房顶上的一个小伙子。原来，小伙子到西藏玩遇到了这位豪爽的姑娘，小伙子刚回到家，姑娘就追了过来。

怒江边，民居房顶上的"瓦"，是当地的石头。一片一片的石头薄得像一页页的书，当地人形象地叫它书石或页岩。那位藏族姑娘告诉我们，盖新房，老房子用的旧石板就不再用了。同行的一位记者问她："这么好的石板还可以卖吧？""不，送给生活困难的人，为什么要卖？"姑娘张嘴就来的一番话，说得我们这些城里人不知道该怎么应答。是他们没有经济头脑，还是我们已经不知何为友谊、何为情意……

页岩可以是屋顶的"瓦"，也还有其它的特殊性。2011年春天，中国地震局地质研究所研究员徐道一和中国核工业部北京地质研究院研究员孙文鹏对我们几个记者说，因为怒江的地质现状，他们已经向中央递交了20多封建议信，其中一些获得批示。《第一财经日报》首席记者章轲后来撰文：

"近日我们专程前往怒江地区，实地考察了沿江的地质构造、地形、地貌、坝址附近坑道、泥石流现场。"孙文鹏说，"我们的结论是：从怒江独特复杂的地质背景（地震、地质大环境）、从本区地质灾害的严重性，以及它们对梯级大水电站的可能影响来考虑，怒江上建坝的地质风险非同寻常。"

2011年怒江边的水电勘探

2011年写"江河十年行"纪事时，我在这张照片下面写了：小草能见证这里的变化吗？

孙文鹏说，实际上，对于怒江地区具有地质脆弱及不稳定（新构造运动强烈、地区破裂程度高）的特殊性质、怒江断裂带为活动深大断裂带、怒江（云南段）为断裂河流，学界不少专家已有共识。

他们说，即使是那些制订怒江梯级水电开发规划的地质专家，对此也无异议，大家都承认怒江中下游地质构造复杂。怒江断裂带为整个河段的主要断裂，是制约水电梯级坝址选择、决定梯级电站安全的主要地质因素。"但我们感到，水电开发规划的制订者没有对地质风险表现出足够的警惕，对风险的评估仍侧重于或停留在一个个坝址的孤立微观评价上。"

孙文鹏和徐道一认为，如果关注全流域的安全大局，就不能不十分重视以下关键事实：怒江地区是新构造运动最强烈的地区，地震等级很高（为里氏7~8级区）且频繁发生；这一地区还是泥石流等地质灾害多发区；最近新构造运动加剧，地震、地质灾害有明显增强之势；极端气候、当代构造活动、地震的相互作用，导致重大地质灾害的可能性在增大。

徐道一在掌握了大量的科研数据后发现，近200年，尤其是近60年来，中国西部（特别是西南地区）大地震频繁发生，其中，1950年西藏东部8.6级特大巨震邻近怒江，1976年云南龙陵7.3级地震、1988年云南澜沧江7.4级地震、耿马7.2级地震、1995年中缅交界7.3级地震、1996年云南丽江7.0级地震发生在怒江或其附近地区。而在20世纪，云南（包含怒江地区）地震活动正处于大地震的高发时期。

"我们认为，西南地区的大地震与云南的强地震近100年来都在明显增加，这是评价地区地质稳定性和地震趋势不可忽视的事实。"徐道一说，迄今没有看到有哪个地质或地震学家作出过21世纪怒江地区不会发生大地震的结论。

关于怒江两岸是地质灾害频发区的问题，徐道一说，他们在考察中发现，从上游西藏境内的松塔水电站到中缅边界附近的光坡水电站（除丙中洛引水式电站外），库区都处在崩塌、滑坡和泥石流的危险地段。

徐道一提供给记者的1995年版的《中国地质灾害分布图》（原国家科委全国重大自然灾害综合研究组编），已把从六库到马吉的怒江地段定为以泥石流为主的"重度发生地区"，怒江地区是潜在灾害组合类型及致灾危险性大的地区。

页岩 页岩的横断面

徐道一说，云南怒江傈僳族自治州总面积14703平方公里，98%以上的面积都是高山峡谷，滑坡、泥石流灾害频发。2010年8月18日该州贡山县普拉底泥石流灾害发生后，该州州委书记段跃庆曾表示，目前怒江州还有762个滑坡、泥石流点。

"第三个关键事实，就是当今全球处于地震、地质灾害频发期。"徐道一说，进入21世纪，全球开始进入一个新的大地震、地质灾害、气象反常（极端气候）的新时期，这一趋势至今未减。近期全球发生的许多7~8级的大地震，包括2008年的汶川地震，都是全球新构造运动趋势增强的表现。

"江河十年行"把专家的担忧告诉当地人，告诉水电人，告诉决策者，这是我们能做的事。

2012年，是我们行走在江边的第七年。把在金沙江拍到的照片和在怒江边拍到的加以比较，我们会用心去做。在我们看来，这是在把爱给予大地。

15. 怒江人的幸福指数

2012年4月2日，我们是摸着黑进入西藏境内怒江边的龙普村的。这个小村子我2006年就到过，那次也是走了夜路。这次我们的司机边开着车边抱怨：衣服都湿透了。

我知道那是紧张。2006年，我们沿江采访时，一位水电勘探工程师告诉我们，为修电站新通的路，十个月来因滑坡、泥石流已经让二十个生命结束在这条路上。

从来没有在这么黑的天，这么复杂的地形上开过车的司机说：早知道这样的路，说什么也不会夜里开，要加钱啊。

我们到达住的地方时，得知能住的地方只有三张床，这意味着同行的人大部分要睡在车上。记者们采访有时真是很辛苦，且很危险。

在屋里的电源给相机电池充电时，一充就断，这里的电太弱了。微弱的灯光，让我无法写完当天的"采访纪事"，一碗方便面下肚后就早早睡了。感受一下天黑（怒江边这个季节晚上9点天黑）就上床的滋味，对我来说也是休息。"江河十年行"2012已经走了15天。每天白天走江河，晚上写稿，要说不累，那不是心里话，要说累，我觉得值得。

4月3日早上起来，怒江边龙普村江边的房子，一下子"冲"到我眼前时，我有一种久违的感受。今天我们要往回走，没有采访当地人的计划。记得2006年和村书记聊天时，我问他知道怒江边要建电站吗？他说知道。我问他谁说的，他说是美国人告诉他的。

怒江要修电站，西藏察隅县察瓦龙乡怒江边的龙普村，会被松塔电站水库淹掉。而告诉当地人怒江要建电站的，是在那里考察了9个月，在写博士论文的一位来自美国伯克利大学的博士生。

昨天晚上，我们也和住在那儿的一位湖北人聊了几句。他说自己在这一带好多年了，因为喜欢。他说当地人才不管怒江上建

怒江边的小村子

不建坝呢，因为他们不知道什么是坝。不过他认为，当地人的幸福感一定比我们强。因为没有太多的欲望，他们生活得简单而快乐。

我相信这位也是外来人的话。虽然我不知道这位湖北人为什么能在被我们认为那么艰苦的地方生活。但我能感到，他已经和当地人打成了一片，他能分享当地人的幸福。他说当地人一天干不了什么活，够吃就行了。剩下的时间就是唱歌、跳舞、喝酒三件事。

过这样的生活，我能待多久呢？那些支持建坝的人爱这样问：你那么喜欢怒江，怎么不在怒江住着，还要回北京呢？

爱一个地方，就要在那儿待着吗？

今天白天，看看车从我们昨天晚上走过的路上开来，真是让我们每个人都少不了的后怕。

世界上很少有像"三江并流"这样的地区，汇集了如此众多的陆地地貌类型和自然美景。除"三江并流"奇观外，还有壮观的雪山冰川、险峻的峡谷急流、开阔的高山草甸、明澈清净的高

和村书记聊天

藏式小楼

山湖泊、秀美的高山丹霞、壮丽的花岗岩和喀斯特峰丛、多样的植被和生态景观，无不展示着独特的自然美。

与世界上现有自然栖息地及其保护优先性相比，滇西北和横断山脉由于其生物多样性而一直在所有重要国际研究中居优先地位。全球性研究包括：世界野生动植物基金会的"全球200区域"，以及国际自然保护和国际鸟类组织确定的"25个热点区域"。三江并流地区正因其生物多样性，在很大程度上代表了整个区域在全球的优先地位。

怒江让人叫绝，自然还包括了生活在那里的动物。它们同样丰富多彩：哺乳动物173种，鸟类417种，爬行类59种，两栖类36

种，淡水鱼76种，凤蝶类昆虫31种，这些动物种数均达中国总数的25%以上。

2012年4月3日，我们的车开在那片片岩石薄得像一页页的石书中，边走，边阅读着怒江世界自然遗产历史的万卷书。

页岩—石书

但是，这样的画面，也不时地出现在我们眼前。

2006年我们在怒江边采访时，也是水电勘探工地的工程师对我们说：他们从事水电勘探十多年了，像怒江这样破碎的地质状况还是第一次碰到。

离开这段被开凿，被损害的大江和大江边的绝壁。我多想尽快把这自然与人为对比的照片呈现给更多的人看。我要问一问看过的人：就因为我们要能源？就因为我们要GDP？这就是我们要的富裕？

想起了悲剧这一词的解释：将人生有价值的东西毁灭给人看。

重新走在这样的大自然中，我不平静的心情慢慢平静下来。1999年，我在美国阿拉斯加一个大冰川前待了一夜。第二天来接我的美国司机和我说的能让我记一辈子的话是：大自然能给你很多。站在这样的激流前我要问的是，大自然能给我们，我们能得到吗？

国际自然保护联盟（IUCN）在提名"三江并流"为世界遗产地的评估里这样写道："这里的少数民族在许多方面都体现出他们丰富的文化和土地之间的关联：他们的宗教信仰、他们的神话、艺术等。"

千万年形成的绝壁就这样被挖掘着

人类学家认为怒江流域是"民族走廊"。什么是民族走廊：诸多民族和族群历史上频繁迁徙和流动的路线。中国55个少数民族在这条走廊上占了一大半。

"三江并流"申报世界自然遗产时，一位联合国教科文组织的官员说："在我考察和评价过的183个世界遗产地中，三江并流无疑是可以列入前5位的。正如人们所说，在生态多样性和地貌多样性方面，在其他任何山地地区都很难找到能和（三江并流）这一地区相媲美的区域。"三江并流流域占中国国土面积不到0.3%，但拥有中国20%以上的高等植物，列中国17个生物多样性关键性地区第一位。

这里丰富的文化和土地之间有着关联，有资格参加评选世界遗产的专家们，一语道破了天机。可拥有它的我们，却正在毁灭着它们给人看。

在水电开发者们看来，怒江边的老百姓是贫困的，云南省领

开采在绝壁

中国这样的大江，这样的大江
沿岸还有多少

导甚至说怒江还有穿兽皮的。当地人穷是事实，但是他们让同样有生命的大江富裕；当地人是穷的，但他们让大自然和他们一样活得有尊严；当地人是穷的，但他们让自己的母亲河活得不穷。

2005年，我第一次到四季桶小学时知道他们这所小学只有六个学生。后来每年的"江河十年行"我们都要到这所小学看看那6个孩子。

2005年那天我们走出小学后，一群大人竟然情不自禁、一遍又一遍地背起了孩子们的课文：春雨沙沙，春雨沙沙，细如牛毛，飘飘洒洒，飘在果林，点红桃花。洒在树梢，染绿柳芽，落在田野，滋润庄稼。降在池塘，唤醒青蛙。淋湿我的帽沿，沾湿他的花褂。我们顶着蒙蒙细雨，刨坑种树，把祖国大地绿化。春雨沙沙，春雨沙沙……

那天，不知为什么，淋着雨的我们，边走着，边一遍又一遍地背着：春雨沙沙，背得那么陶醉。

今天，小学院子里长满了野草，在这所小学读书的那6个孩子今天在哪儿，我还真挺惦念。2007年，我们把孩子们带上车，到乡里给他们买新衣服。可孩子们上车没多一会儿就全吐了，他们从来没有坐过车。

2012岁月在孩子们身上流过　　　　　　　2010年遇到的小哥俩

车对这些孩子重要吗？这是那天我们一群记者看着孩子们在受罪时互相问的话。时隔又有好几年了，这个问题还在我的脑海里漂浮着。

刘吉安家是我们每次到丙中洛来都要住的家。李战友的孙女心玉，我们看着她一年年地在长大。4月3日我们又见到他们时，心玉告诉我，她家的牛昨天生了一头小牛，才一天，小牛已经站着喝妈妈的奶了。

怒江边的姑娘、小伙儿，我问他们想去北京吗？他们互相看看，只是笑，没有回答。

16. 温泉、溜索、鲜花节、同心酒

八年前，也就是公元2004年2月15日，一群城里人怀着双重心理，走进了尚未开垦的，心仪已久的怒江。

这是我们那次拍到的大家公认的最有代表性的一张照片。绿色的水，红色的花和两个傈僳族小姑娘羞涩地看着我们这些外来人。

那次沿江走时，集市边两个妇女脸贴着脸，脖子搂着脖子，举着同一个杯子，摇头晃脑地边喝边哼着小调。我们把车停下来，拍下了这被称为喝"同心酒"的场面。这是当地人的习俗，赶集卖了钱，打一壶酒，一同赶集的人一块搂着脖子喝光，以示乡亲间的友谊。这一习俗，在怒江边是从什么时候传开的，我们问了好多人，都说是：祖上。

第一次到怒江，那个晚上，在怒江边塘火旁，喝着一碗又一碗酥油茶闲聊，屋外的山泉与松涛漂入耳际时，脑海里闪出了这样的念头：在美

怒江的小姑娘在温泉中　拍摄／汪永基

国，印第安文化被越来越多的人视为富于个性特征的本土文化遗产。但现在印第安文化已经被不断地博物馆化和旅游市场化，渐渐蜕变成为一种与生动热烈的实际人生和活生生的生命没有生死

2004年拍的喝同心酒

相依关系的"死"文化。与印第安文化、美国黄石国家公园等世界自然遗产地相比，怒江区域众多的民族和文化，完全因它的活力而令人骄傲。

怒江生物多样性和民族文化多样性相互依存，当地人沿袭着古老的生活方式和习俗，那是今日怒江的根。没有这些特殊的文化、传统的多样，今天怒江流域的生物多样性能独特吗？而我们嫌人家穷，号称要把人家富起来的人，对这些独特又知之晓多少？

我一直记着怒江边一位傈僳族小伙子问我的话：等到只有填表时才写上傈僳族，别的民族习俗都没有了，还叫傈僳族吗？这位小伙子告诉我：我们傈僳族的很多民俗活动都在江边。像澡堂会、沙滩埋情人、上刀山下火海。

可是，在经济大潮洋洋洒洒地遍布各地时，民族文化，习俗，人们还在乎吗？

那天夜幕就要降临，大山中还是上演了这么一幕"握手"的精彩"大戏"。

2012年4月4日，怒江已经开始发"怒"。我们拍到的怒江，因雪山融水越来越多，大江从温柔的姑娘已变成了剽悍的小伙子。

江边的这块写有8.18的大石头，从2010年"江河十年行"到今年2012年，我已经是第三次拍了。

今年拍和前两年不一样，今天是清明节。这里有一小堆

2009年傈僳族的早餐烤石锅饼

2012年烤石锅饼的怒江人家

2004年拍到的江边的老人　拍摄／汪永基

2004年拍到的江边的姑娘

纸在焚烧中。悼念的是2010年8月18日被泥石流压在满江的山石下的一对年轻的夫妇。

媒体有报道说这场泥石流是因为山上的开矿。

而今天烧纸的人说，开矿的地方离泥石流发生的地方很远。他就是矿主，泥石流发生时，他是幸存者。

死了一百多人的灾难，原因归给大自然，归给老天爷最简单。可是，这样的说法，那些被压在大石头下的生命，冤魂，能同意吗?

这是马吉电站的勘探地。我们2006年到这儿时，一个包工头对我们说，他在江边为大坝勘探几十年了，像这么破碎的大江边还没有见过。

这位包工头同时告诉我们，他们在江边的勘探有上坝址、中

2010年山体滑坡留下的

马吉电站的勘探也是在这样的绝壁上进行着

坝址、下坝址。一个地方太破碎不能当坝址，他们就再把钻头伸向另一块山岩。这位包工头自己也承认：是挺可惜。而另一位工程师说的是，建了大坝后，怒江的激流可就没有了，要变成一个个湖。

一个个湖，也有人形象地称为一个个水池子。中国的江河哪一条能逃过被水池子的命运呢？

我们同行的摄影师溜索后问我，你溜完了胳膊疼吗？我说不疼，因为我已经溜过三次了。第一次紧张，所有的劲都会使在胳膊上，死死地抓住溜索上的把手。溜过几次就不怕了，今天在溜的过程中我还大胆地按了快门。

溜索，一些人认为也是怒江生活方式落后的一个表现。我问过当地人，有桥过江你们喜欢吗？他们的回答中有这样说的："当然喜欢，可怒江上不可能修那么多桥。"

前两年，《南方周末》登过一篇怒江的孩子过江要溜索，太危险了的文章。后来热心的读者们捐钱在怒江上修了一座爱心桥。大桥开通时，"江河十年行"正好赶上。当时那份热闹我至今记着。可今天再问江边的人，没有人知道那桥在哪儿。不是当地人忘性大，而是那么长的一条大江，一座桥又能管到多少人过江呢。

溜索，是怒江人的交通工具，还会一直用下去。而且，这一溜，不仅是交通，时间长了，也成了一种文化。

2012年4月4日，整整一天我们都在怒江边的公路上行驶。有马帮了就下车拍；有滑坡了，下车问一问；有溜索了，也去试一试。

溜索前

溜索

怒江边的风土人情，我们没有做太多的记录，我是用眼睛和镜头在与之对话的。这些年因为老在路上，练就了"扫拍"的本事，所以很多画面是我在车上拍到的。它们或许不能成为作品，但一定是生活的真实记录。也将

2012年路上的马帮

2012年春到怒江

成为"江河十年行纪事"的组成部分。

今天本想能去小沙坝看看我们要跟踪十年记录的何大爹。可是，路上可停，可拍，可记的太多了。明天吧，明天我们将去小沙坝。不知每次去都会向我问好的派出所的那位老弟，会不会又笑着对我说："汪老师又来啦。"

明年再来怒江，这江边的春天还会仍旧？没有渴望，就没有努力。

17. 把爱给予大地

2012年4月6日一大早，我们就到了怒江边上的小沙坝村。并直奔我们要用十年的时间跟踪访问的小沙坝水电移民何学文大爹的家。

何大爹今年已经81岁了。前两年身体不好，还住了一次医院，今年看着老人的身体还不错。

正在吃早饭的老人告诉我们，过去家里养着8头牛，牛奶喝不完。现在每天早上要上街去买牛奶，不好喝，可喝惯了牛奶的他，也只能买着喝了。让老人不习惯的还有，过去儿媳妇在家，早饭做好了大爹吃现成的。现在儿子，儿媳都外出打工了。80多岁的他每天吃饭要自己想办法解决。

老人吃过早饭，就带我们去他的老家看看。离新家两公里的老家，有老人当年种的地，也有老人亲手种下的一棵棵果树。现在的地，儿子骑着摩托去种。可果树离得远了，从2006年年底搬到新村就没有收过。那几百棵果树，没搬家前不光够自家吃的，卖也能卖不少钱呢。被移民后，牛呀、羊呀、猪呀都养不成了不说，果树的收成也没有了。

原来我家有8头牛，现在要天天买牛奶喝

已经是4月份了，要是往年地里早就种上庄稼了。可是，怒江边从去年秋天就不下雨，地太旱了。老人的儿子说。

何大爹在一旁说：我活了这么大岁数，怒江边像这么旱的还从没有过。

一脸憨厚的老人的儿子接着说：现在的收成比过去少了一半也不止。为什么？那时有农家肥，一亩地能打个1000多斤粮食不在话下。现在化肥买不起，养不了牲畜，农家肥也没有了。地力不行，所以一亩地500斤也收不下了。

说水电能让解决怒江贫困的人，你们能听到一个农民站在怒江江边说的这番话吗？我们的政府官员要是能想到，农民新村没有院子，农民不能养牲畜，地里的庄稼也找不好了就好了。

农民就是农民，他们需要土地和牲口。一个80多岁的老人在街上买牛奶喝，和喝自己养的牛的奶，滋味是不一样的。

怒江是不是能建坝还在争议中。小沙坝村2006年就被搬到庄稼人的水稻田里了。一村子都是傈僳族，谁也不肯往远了搬，最后选择搬到水库淹不到的自家的水稻田里。

因为水电工程还没有正式开工，所以小沙坝原来各家各户的地界也没有被推平。地是庄稼人的命，现在各家的地界，还保留着。

2008年，曾经因为要把小沙坝村的老房子那里当水电工地的堆料厂，推土机已经开到了老房子边，要把老村子推平。老实巴交的小沙坝人这回不干了，应该赔给农民的土地款还没有全给人家，就想把地界推了，全村的人轮流堵在推土机前硬是没让推。

这几年，是不是建坝用农民的话说：没信儿。在外面打工虽然能挣钱，可农民和土地有着分不开的关系，靠骑摩托，靠走着，家家户户又都把荒了的地种了起来。

今天，何大爹的儿子一大早就开始在地里烧着干枝枯草做地肥。边干着他边对我们说："国家给水电移民一个月50块钱，一年600元钱，可是只给了他们一年就不给了。"

我问："为什么不给了？"

老人的儿子说："是电站还没有修，所以不给了，什么时候修？什么时候再给？不知道。可是，原来小沙坝村人家的地已经盖了农民新村，新村的家里没有院子，家畜都养不了，果树也没有了收成，靠什么生活呢？"

我问何大爹："让你自己说，你是愿意修电站还是不愿意修？"

何大爹说："土地款兑现的话，要修就修它的，不兑现的话就不让它动工。"

老房子里的野花顽强盛开着

我又问何大爹："您儿子说不相信政府了，您相信吗？"

何大爹说："政府、共产党是好，但是政府下面为人民办实事、办好事的人不见得有。"

何大爹还告诉我，政府说给60岁以上的老人每月60块钱。我们村60岁以上的也就几个，去年只给了五个月的，今年已经4月份了，一分钱也还没有给。说了又不给了。没法活人了。

我问何大爹："您想到80岁了，还要被移民？"

何大爹："养猪都养不成了。"

就在我们和何大爹聊着时，每次我们"江河十年行"到小沙坝村一定要来关照我们的当地派出所的那位又来了，一起来的还有一个我没有见过的女的。他们说我的身份证不用看了，因为看过了。其他记者的身份证要拿出来看看。

有一个记者说："先拿你的证件给我们看看。"那人停了一会儿说："那算了，你们还要去哪儿？"

我问这两个来关照我们的派出所的人："何大爹说政府应该给老人每月60块钱，叵去年才给了5个月的。今年三个月过去了还没有给？谁家都有老人，人家老爷子80多岁了，这么点钱都不给？这事你们管不管？"

那人问何爹："没有给吗？你可以去找他们要呀？"

何大爹一脸苦笑："要，要得来吗？找他们，有用吗？"

2011年"江河十年行"，我们问老人日子过得怎么样，他都没说这些，只是好的。离开老人后我在微博上说，让一个老人笑着说：有用吗？坑人！这是有了多少无奈后才得出的结论，又需要什么样的忍耐力呀。

小沙坝派出所的车一直跟着我们，直到我们离开了怒江，往大理方向走去才不见了。

离开小沙坝，离开怒江，也就结束了2012年"江河十年行"。前两天走完金沙江时，央视的李路像往年一样，让"江河十年行"的参与者讲讲各自一路走过来的感受。

魏翰扬：我大概是五年之前因为读到《南方都市报》的一篇关于西南水电围剿生态这样一篇文章开始进入这一领域的。去过三峡，去过怒江，也走过向家坝和溪洛渡。五年的时间里，我真的感到很多令人心痛的东西。

让我们还相信谁？

香港大学魏翰扬

不过这个心痛，并没有让我感到丧气，相反觉得要有行动。像这次行走，我觉得有两大作用：第一个是在心里留下了江河的倩影。虽然也许就是江河的遗照了，我们的子孙后代再也看不见原来的金沙江是什么样子。我们来抢救出一些照片，也会有意义，甚至有学术的价值。

另一个作用，对于我来说最重要的是要将一些水电站的信息公布于众。我们没有办法阻止这样继续的破坏下去。我认为我们能做的一件事情就是让更多的公众，乃至所有的中国人，都知道在我们母亲河上正在进行着这样一些活动。我不敢说所有的水电站都不好。让信息公之于众，是让大家做出一个评判。我相信这是对历史和对整个民族负责的做法。

三峡是一个非常庞大的工程。它虽然有很多争议，它的论证过程要比金沙江上面所有其它电站都要充分。它尽管还有一些不完美的地方，但它依然为我们提供了一个很好的范例，怎样对一个电站进行科学的评判。做这样一些事情的愿望，是希望能够带动更多的中国人关心江河的开发。

同时我也想，青年人，就像我们这样年纪的人应该是有责任的。我们不能让江河丢在我们手上。所以，接下来我也很希望推动更多的人了解我们母亲河的现状。

张万成：参与2012"江河十年行"，我有两点感想：第一我认为，对于生态的破坏主要集中在两点，一个就是有法不依；一个是执法不严。对移民的问题，很多政策是非常滞后的，尤其是在云南的金移村表现得非常突出，政府还有很大的义务来完善。应保证土地和房子已经被淹没的移民，得到应有的社会保障。

张万成律师

再有，我们在水电开发的过程中还要注意遵守法律程序。现在很多水电站在立项、施工等等方面有违反法律程序的行为。

汪永晨：这些水电站先斩后奏了，从法律上怎么解释呢？

张万成：应该是一种执法不严吧，或者是违法不纠。某些方面也是政府的不作为，还有监管部门的缺失、缺位，应该从法律上得到追究的。

李宏：参加"十年江河行"，对我触动很大。事隔两年，我再一次来到金沙江，确实感到心里很震动，也很悲痛。就是这条江河已经消失了，是无法挽回了。我们这么伟大的一个民族，却无法留下自己的大江大河。实际上，有些江河就和我们民族的性格是一样的。民族有性格，江河也有性格。它的激流澎湃、它的伟岸、它的大气磅礴，是我们民族一种精神的象征吧，或者是一种图腾，我觉得失去了是很惋惜的。

我认为长江未来是一个连环型的灾害。库区现在是库连库，基本上就失去了江河的功能。

金沙江、长江，是我们民族大融合的一个峡谷，也是地质奇观，更是世界上最漂亮的一个峡谷，我们用什么也换不回来了。钢筋混凝土，我们民族就缺乏这些吗？经济至上，不要我们民族的东西了？

我们这个民族为什么就没有那样的气魄，留下自己的母亲河。

我看很多国家他们都保护着自己的母亲河。比方说印度的恒河、埃及的尼罗河、美国的密西西比河、巴西的亚马孙河都是这样的。为什么我们就把自己的母亲河破坏成这样。我们难道没有一点悔意吗？难道我们今后对我们的子孙讲长江就只讲童话？让后代再也看不见这条江河了，而且是我们中国的母亲河。

邓天成：我们现在是在梨园电站，是2012年"江河十年行"走过的第十个电站。觉得这一路走得真的是非常不容易。非常遗憾的是刚才杨勇老师介绍，这边是一个断层，冲沟是在断层上发育的。

断层究竟是什么，我还没有完全听明白。不过，等我明白的时候，这个地方已经不在了。所以，是非常遗憾的事情。

这次来之前虽然做了很多的预习工作，但是到了还是有一种束手无策的感觉。横断山区有生物多样性、地质奇观，还有人类文明，太棒了。我以前只是从字面上接触过一些民族：普米族，傈僳族。这样的人文的多样性，还没有具体考察自然和地质的震撼性。这次的行走，足以让我们感到心情久久难以平复。

我是一个非常喜欢地图的人，无论大家是否相信，我看地图是会流眼泪的。原来是局限在北京地图，以后也许能够扩展到全国的地图上。

地图，也是人的一个作品，它带有人的主观意愿。我们可以按照自己的主观意愿去编绘地图。比如说看长江和黄河，都是一条蓝色的粗线，从西部高原出发，奔进大海。但事实情况是否是这样的呢？真按科学的方法来编绘地图，也许下一版我们看到的地图，长江、黄河就是一个时令河了。长江的上游呢，是成串珠状的一大堆湖泊了。这些

横断山研究会邓天成

湖泊就是我们现在正在修的一系列电站。我们身后这个湖就是梨园水库。今后长江上一共有38个平静水面的湖。那整个长江上游还是一条奔流的大江吗？以后的长江就是这个样子了？

以后长江里的鱼能够一级一级地翻台阶吗？

如今，我们从地图上可以看到，塔里木河是一个时令河，他的源头是罗布泊，罗布泊干涸了，留下了楼兰古城的遗迹供我们凭吊；祁连山冰川发源的阴山底下的弱水黑河也是时令河，它流到了居延海，居延海也干涸了，留下了一个黑长的遗迹，额吉纳的遗迹供我们凭吊。这些都是过去的文明，那当黄河断流的时候，留下什么，供谁去凭吊呢？还有长江也面临着相似的命运。

从地图上看金沙江，梦想金沙江。直看到山河破碎的金沙江，真的是非常的感触。也进一步激发了我这一生从事环保，尤其是从事中国的环境保护以保护江河为主。

李路：库蓄水后，金沙江这里就是一个湖了

"江河十年行"，真的是非常非常好的一个启蒙和警醒的课。我愿意把这一次的经历和收获分享给更多的人。也愿意脚踏实地，用心去护卫我们的江河。

艾若：我这一路看到的是"山河破碎国还在，青山绿水不复存。金沙江死梨园起，相煎太急寒齿唇。"在鲁地拉水坝，我看到地质学家杨勇在长江边祭奠一团浑水、死水的金沙江，也祭奠长漂的勇士。我有感而发写了《长江死了》这首诗。在云南玉龙县奉科乡恒可村阿海大坝库尾，我看到奉科大桥修建在当年忽必烈大军征南诏的金

诗人艾若

沙江边，不由感慨写下："钢筋水泥山河破，一路大坝到奉科。黑碣遥想忽必烈，金沙曾经怒吼过。"

杨勇：我多次从金沙江过，感觉现在的金沙江已经彻底改变了，现在水电大军进入了金沙江，干扰了这些当地的子民，这些子民现在对未来是茫然的，不知道未来会怎么样。这也反映了目前水电建设的众生相。就是水电站的建设对移民的影响，移民未来会怎么样。这个问题其实不太复杂，因为水电打的口号是带动一方发展，为什么在移民问题上都解决不了呢？在一些补偿问题上、安置问题上出现这么多矛盾，所以我在想，水电开发还值得我们今后进一步的思考。

金沙江是彻底改变了。未来金沙江开发的繁荣，和开发带来的灾难将共存。这也是我们的后代将要面对的金沙江新的历史。

地质学家杨勇

张伯驹：我这次来有一个使命，从三年前我就开始做小南海保护的工作，去年春节我去了小南海。从3年前开始一直到现在，小南海可以说经常出现在我的梦里和工作中。从最开始关注保护区的边界调整，到三通一平，到这次的考察，我想小南海的事情我们不一定追求最好的结果，但是至少行动就有希望。这次走江河，每走到一个大坝或者大坝修好的坝尖上，我总不由得哼起长江之歌。我想到几句歌："你用甘甜的乳汁哺育各族儿女"。现在，那甘甜的乳汁在哪里呢？可能连血脉都割掉了。"我们赞美长江，我们依恋长江，你有母亲的情怀"，这都是我们以这条大

自然之友张伯驹

河无限的憧憬。但是有时候唱着，唱着我都想哭，因为它的磅礴、豪迈、自由，已经不复存在了。但是我相信长江的血脉，会一直在我们这些见到长江、见到金沙江奔涌的人的心中。而且为了保护她，会不断努力，这就是这次走完江河后我最想说的话。

王亮：我也是第一次了解到长江上游的情况，可以说看到这些破碎的山河，未来我希望可以把长江的现状告诉我身边的每个人，希望每个人都可以互相扶持，互相支持，互相给力，推动中国发展的改变。

张万成：江边一个老头和我们谈到国家的政策，国家的利益，他们只有服从，这个话虽然比较高调，可是我还是能理解。我们国家广大的民众一个朴素的基本的概念，水电是国家利益。水电是不是国家的利益呢？这些利益集团究竟是国有的，还是民营的，还是国有和民营共同的，股份的？

成都河流研究会王亮

全是国有的。但是这个水电开发主体是全资国有呢，还是国有和民营合资的，还是中外合资的，我们清楚不清楚这个开发主体是谁，都是全资国有？

杨勇：是五大水电集团，全是国有的。施工是承包的。国有的现在已经变质了，国有的被绑架，把公共财产变成他们自己的，所以我们有句话叫"跑马圈水"。

周喜丰：也是第一次参加

《潇湘晨报》周喜丰

"江河十年行"的考察活动，全程走下来也印证了我之前对西南金沙江流域水电开发，对生态，对老百姓的生活的影响，等等方面的一些判断，特别是最近两天来，我们深入移民区印证了之前我们在采访当中凸现的一些问题。比如说移民的生存和后续的可持续发展的问题，这是一个很重要的问题，也是急切需要解决的问题。还有包括水电站的开发，对当地的次生灾害，产生的后续的隐患，这都是当地政府和水电站业主急需要重视的一个问题，我觉得关注这类题目非常的有意义，因为我一直认为资源和环境，将是我们中国未来会面临的一个重大问题，也是我们媒体需要持续关注的问题，我也会在未来的若干年，持续地投入精力关注这些问题。

《东方早报》鲍志恒

鲍志恒：我们这两天在金安桥水库采访，我们发现水非常绿，可这绿我感觉是有点不正常的绿。而且金沙江水库蓄水以后，当地次生

金沙江上曾经的漂流　拍摄／李宏

灾害的威胁是很大的，我觉得这方面也是需要急迫去解决的一个问题。

我没有想到，我们长江流域，尤其是长江上游地区，会形成这么多无序开发的景象。江河行的行动，让我十分的震撼。对我个人来说也是一次相当强烈的一个教育。我相信，历史会给予人类所有改造自然的活动，以最终的客观的评价。但是，我们都活在当下，我们无法漠视现在所了解到的，所看到的，这些自然环境受到的破坏，和由此带来的一系列人类生存的困境。对于我自己来说，会持续地关注金沙江流域的开发和保护。我也相信，经过"江河十年行"的活动，能够唤起更多的人对自然与人的关系的生存思考。

记者手记

2012年是"江河十年行"的第七年。说实话，2006年发起"江河十年行"时，我是带着很多理想或者梦想要走江河的。后来是越走越觉得江河需要我们去关怀。现在有太多人想从江河里要这要那。太多人觉得江河是属于我们人类的。但是我越走越觉得要为生活在江边的人、动物、植物，争取他们应有的权益。他们都太脆弱了。

所以，每当我们走得很艰难、很痛苦的时候、很无奈的时候，想想那些人，想想那些无辜的动物和植物，就觉得"江河十年行"走下来，或许能帮助到他们和它们。

从小就觉得金沙江是汹涌澎湃的，可现在哪儿还能找到它的汹涌澎湃？上个世纪80年代、90年代，我看到的金沙江到处都是激流。可是这次我们没有看到。也不知道以后还能不能再看到金沙江的激流了。它如果真的是我们的母亲，不是口头上的母亲，我们的妈妈成了这样，我们能做什么？还有几天就是清明节了，我不知道到"江河十年行"第十年时，我们是不是真的要给长江准备一个葬礼。如果真的是要做一个葬礼的话，还仅仅是我们关爱这些人吗？我希望即使是葬礼，我们也应该和官员，和水电公司的人一起祭典。这才是我们"江河十年行"的愿望，这才是我们要做的唤醒更多人和我一起关注江河。

每年走完了"江河十年行"之后，参加的人都会觉得给自己带来的是震撼。我觉得作为一个记者也好，作为一个民间环保组织的志愿者也好，身边如果人越来越多，那才会力量越来越大。中国的江河，需要有凝聚起来的力量去抚慰它疼痛的伤疤，中国的NGO也需要更多的人联起手来，为了共同的理想一起走在关爱自然的路上。如果"江河十年行"能够抚慰江河疼痛的伤疤，如果"江河十年行"可以凝聚更多的人，我们就不会孤独，就能够有力量。

我很喜欢摄影家李宏说的：我们这么一个让自己自豪的民族，总有一天会说我们会保护我们的母亲，我们要保护我们的母亲河。

怒江松塔这一段大江，差不多是我走过的怒江最漂亮的一段。岩壁、激流、雪山。可是那里也已经开始了水电勘探。在千万年甚至亿万年形成的绝壁前凿洞，留下白花花的一片残骸，流到江里，落在了激流中。我说这是把最美丽的东西撕碎了给人看，是悲剧。怒江边的龙普村，在我们现代人眼里看来是贫穷的，是落后的，可能甚至有人还会说那里的人是愚昧的。

可是这些贫穷，这些落后，这些愚昧，却能留住大山的美，留住大江的自由，他们给了大山以尊严，他们让大山千秋万代的活着。

可是今天的水电工地，绝壁失去了原来的绝美。工地上的口号说：水电可以造福千秋万代！什么是千秋万代，让激流成为死水发电就是千秋万代？全国所有的江河都在发电，目前只留下了怒江一条野性的江河。可是，我们也要让那里的激流不再继续，自由不再继续？

泪救不了大江和大河，但站在松塔的怒江边，我却用让眼泪尽情地流这种方式，抒发着自己内心的不平。怒江的今天，有着一种惨烈的美。它惨，但是美。它美的烈，不仅仅是轰轰烈烈，还有壮烈的烈。我希望这种壮烈，也能留给后代，不仅是我们今天能看到。

"江河十年行"的第七年结束了，2012年我们看到了金沙江的断流和怒江的勘探。不知明年的金沙江上会不会重新涌出激流。不知道明年的怒江还能不能自由流淌？知道的是，我们会以此为追求，去努力，还要拉上更多的朋友。

"毒苹果"事件

章轲

　　这是一群小微民间环保组织与世界IT巨头历时两年多的成功抗争。

　　环保组织最终成功推动苹果公司着手治理重金属污染，并加强对供应商的环境管理。

苹果涉重金属污染

　　2010年6月5日，世界环境日，自然之友、公众环境研究中心、达尔问自然求知社等34家环保组织共同发布《IT产业重金属污染报告（第二期）》，向媒体揭示了苹果、IBM等多家全球著名品牌漠视IT产品供货链重金属污染问题、拒绝回应环保组织集体质疑的事实，并呼吁消费者向拒绝回应的IT品牌表达自己的要求，促使企业正视重金属污染这一严重问题。

　　据公众环境研究中心主任马军介绍，珠三角、长三角等地区大量生产印刷电路板的企业因不稳定达标排放，给当地河流、土壤、近海地区造成严重的重金属污染，对当地社区环境和居住者健康造成了严重伤害。

由于印刷电路板是几乎每个IT产品不可或缺的元器件，环保组织发现了违规超标企业为包括苹果、诺基亚、佳能、IBM等IT品牌供货的线索，并以此向这些IT业巨头提出质疑，希望其切实加强供应链环境管理。

但苹果、IBM、佳能、LG等8家企业，一开始对环保组织的要求拒绝回应。为了帮助这些企业改善其供应链的环境表现，让这些企业真正成为"环境友好企业"，34家环保组织联合发起"绿色选择"行

动，呼吁广大消费者有效利用《IT产业重金属污染》系列报告，以这些企业的产品的消费者的名义，持续"引导"企业做出表态。也就是说，消费者通过不买这些企业的产品，向企业施压。

同一时间，环保组织还向已故苹果总裁史蒂夫·乔布斯发出一封用户信——

尊敬的史蒂夫·乔布斯先生：

作为苹果多个产品的消费者，我吃惊地了解到得知，IT产品制造过程也存在严重的重金属排放问题。我注意到，一些重金属的毒性很强，会造成水污染和土壤持久污染，甚至危害公共健康。

苹果拥有全球知名的品牌，并且做出了清晰的环保承诺，但面对34家中国环保组织2010年4月16日向你提出的关于IT产业重金属污染的质疑，苹果公司竟至今不肯做出回应，这令我非常失望和遗憾。

中国的公众既是贵公司产品的消费者，也因IT产品制造过程中产生的污染而受到损害。今天，这个曾被忽略的问题正在得到中国社会的认识，中国的政府、公众和一些负责任的企业已经开始采取行动，推动问题的解决。

作为贵公司产品的消费者，我希望我的苹果产品的品牌所有者为重金属污染控制提供动力，而不是回避问题，把这个巨大危险抛给环境和社区去承受，这将使我在购买和使用你的产品的时候感到不安。

很多研究资料显示，印刷电路板等IT产业的重金属排放并非不可解决。作为从苹果品牌的消费者，我要求贵公司信守自己的环境承诺，加强供应商管理，保护我们共有的环境，实现真正的绿色转变。

苹果一度推脱责任

2011年1月20日发布的《苹果的另一面》报告中，苹果公司在华供应链存在污染的情况首次被曝光。参与调查的多家环保组织表示，经过5个月的案头和实地调研，我们看到了这个3000亿美元市值的产业帝国的污染排放，正在随其供应链的膨胀而蔓延，给当地环境和公众健康带来的严重威胁。

调查显示，部分苹果供应商的污染已经对环境造成了严重的损害。其中苹果PCB疑似供应商名幸电子在广州的工厂企图掩盖环境违规问题而被环保部门识破，在几个月的时间里就因各种环境违法问题被立案查处十余起。

调查发现，苹果供应商名幸电子位于武汉的PCB工厂排放量更大，工厂旁的南太子湖受到严重污染，经检测该企业旁边的排水渠水体中含有重金属铜和镍，均为该PCB厂的指标性污染物。南太子湖与排水渠相连部分的底泥中铜的含量竟高达4270毫克/公斤，比长江中游主要湖泊底泥中铜的含量高出56-193倍。

调查人员也发现，多家苹果的疑似供应商成为当地社区集中投诉的对象。位于昆山的凯达电子和鼎鑫电子因废气排放而被当地居民反复投诉，小区居民担忧儿童健康受到损害；而紧邻企业的村庄更是出现了癌症高发现象，无助的村民们曾手持污水水样，跪求制止企业污染。

位于山西太原的富士康科技产能巨大，且涉及金属表面处理等重污染工序。近年来当地居民反复投诉富士康排放刺激性气体，导致附近居民常常感到刺鼻、眼睛流泪、不敢开窗户。当地政府多次要求该企业控制污染物排放，但扰民问题仍未得到解决。

环保组织发现了多达27家苹果疑似供应商出现过环境问题。然而苹果公司发布的2011供应商责任报告中列出的36个审核中发现的核心违反事件中，没有一例环境污染问题。

公众环境研究中心主任马军表示，即使面对关于其供应商的具体指控，苹果也会以"我们长期的政策就是不披露供应商"为由进行推脱。

环保组织指出，大量IT供应商超标违规记录已经公开，但苹果选择不去面对，而是继续使用污染企业做供应商，这就应该看作是苹果公司蓄意所为。环保组织同时建议消费者也需要作出选择，让苹果听到公众的声音。

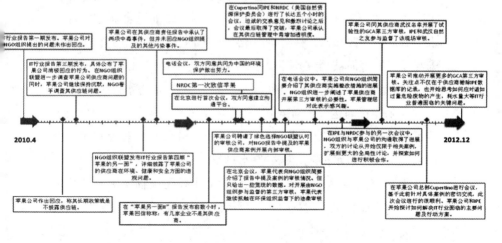

着手"绿化"供应链

在多家环保组织的连续声讨下，2011年8月31日上午，苹果公司终于打破沉默，回应环保组织有关苹果供应商涉嫌污染的质疑。

据公众环境研究中心透露，苹果公司当日向该中心发来邮件。这封来自苹果供应商责任部门（Supplier Responsibility）的邮件称，苹果公司会根据环保组织的报告内容，去了解相关供应商的环保情况，苹果公司也愿意与环保组织建立对话机制，并提议是否可以通过私下电话会议的方式来进行沟通。

自2012年4月开始，苹果公司尝试使用NGO监督下的第三方审核，推动其供应商整改环境违规问题，并与环保组织逐步就促使高污染的材料供应商实现转变达成了共识。

马军说，从整个IT行业来看，其污染排放和水耗、能耗主要集中在原材料生产环节，其中尤以PCB（印刷电路板）企业最为典型。针对环保组织提出的质疑，苹果公司推动三家全球主要PCB供应商接受环保组织监督下的专项审核。

据《IT产业供应链调研报告》介绍，我国是世界上PCB产量最大的国家，2011年产值达235亿美元。

由于PCB生产过程中结合使用重金属和化学品，产生的工业废水中可能含有一些较难处理的复杂污染物质，如重金属铜、镍、汞、六价铬及锌和持久性有机污染物（POPs）。一旦这些污染物质未经妥善处理而被释放到环境中，将在环境中存在相当长的时间，即便在低浓度下亦呈毒性，污染饮用水和土壤，危害水体生物。

苹果委托高达公司对PCB生产厂名幸电子（武汉）有限公司进行了环境审核，通过雨水改造工程，禁止潜在的工艺废水排入雨水系统；通过节水措施，减少废水总量。

最新监测显示，名幸电子建立各类主要污染物实际排放总量的统计和监控系统，包括COD、BOD5、铜、镍等。RO水回用系统已投入使用，可节约生产用水20%至30%。在目前产量下（达到设计产能的20%至30%），各类污染物排放总量的统计显示可以满足季度污染物排放总量。

记者注意到，在确认苹果公司供应链环境管理取得重要进展的同时，上述环保组织也指出了其需要继续改进的方面，包括部分供应商整改至今尚未完成，部分当地社区依然投诉受到影响，尚未能及时推动供应商对违规和作出公开说明，尚未能推动供应商公开排放数据等。

"我们还希望苹果公司能够与政府、劳工组织和工人沟通，解决供应链存在的劳工权益和职业伤害问题。"马军说。

自然资源保护委员会（NRDC）健康项目主任Linda Greer也在此间表示，"苹果在其供应链管理上还有很多工作需要改善，如苹果应推动供应商减少有毒有害化学品的使用、妥善处理其危险废弃物等。"

"苹果公司的转变说明提升供应链透明度对'绿化'供应链大有裨益。这一经验不仅可用在IT产业，还可以在纺织服装、日用品等其他产业推广。"商道纵横咨询机构创办人郭沛源说。

"绿色选择"环保组织名单：

序号	单位名称	序号	单位名称
1	自然之友	24	江苏绿色之友
2	地球村	25	绿色龙江
3	绿家园志愿者	26	安徽绿满江淮环境发展中心
4	全球环境研究所	27	绿色珠江
5	淮河卫士志愿者协会	28	绿色江河环保促进会
6	甘肃绿驼铃	29	大连环境资源中心
7	天津绿色之友	30	兰州大学社区与生物多样性保护研究中心
8	北京市可持续发展促进会	31	华南自然会
9	中国政法大学污染受害者法律帮助中心	32	绿色昆明
10	重庆绿色志愿者联合会	33	重庆两江志愿者服务发展中心
11	绿石环境行动网络	34	道和环境与发展研究所
12	守望家园志愿者	35	福建省绿家园环境友好中心
13	绿色汉江	36	绿色潇湘环境咨询中心
14	环友科学技术研究中心	37	绿色浙江环保组织
15	新疆绿色保育基金	38	绿色盘锦
16	河北绿色之音	39	盘锦市黑嘴鸥保护协会
17	云南大众流域	40	厦门市绿十字环保志愿者中心
18	温州绿眼睛	41	苏州工业园区绿色江南公众环境关注中心
19	野性中国	42	自然大学（北京市丰台区源头爱好者环境研究所）
20	绿岛	43	芜湖生态中心
21	达尔问环境研究所	44	大连环保志愿者协会
22	上海绿洲生态保护交流中心	45	武陵山生态环境保护联合会
23	陕西省红凤工程志愿者协会	46	公众环境研究中心

北京的水

立早

（立早，《第一财经日报》资深记者，从事环境新闻报道多年。）

2012年，围绕北京的"水"发生了很多故事。

上半年，民间环保组织绿家园"乐水行"调研人员记者证实，经过几年的调研发现，作为北京城市内近郊区的重要排污河道，北京东南地区的河流水质几乎都是劣V类。

来自北京科技大学的绿家园志愿者王京京称，北京作为中国的首都，又是一个严重缺水的城市，水环境的问题更为严重。"公众能够明显感受到北京的河水没有以前清澈了。"她说。

北京市水务局公布的数据，2011年北京市人均水资源量已降至100立方米，大大低于国际公认的人均1000立方米的缺水警戒线。

据北京市政协委员、北京市水利规划设计研究院副院长张彤介绍，北京正常水资源需求在50亿立方米至60亿立方米，但从近10年来看，北京真正资源量平均只有21亿立方米，缺口比较大。与此同时，水污染情况也较严重。

据介绍，自2011年6月开始到2012年5月，由绿家园志愿者、

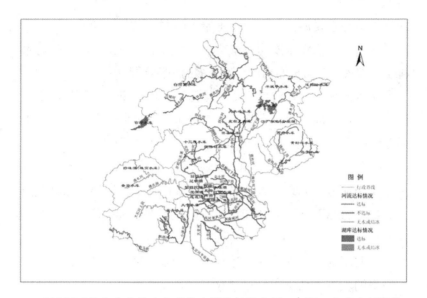

2012年3月北京市地表水现状水质达标评介图　来源：北京市环保局

世界自然基金会（WWF）等支持下，每周六的"乐水行"活动中，志愿者都会到北京城及周边的河流进行调研，现场取水样带回实验室进行检测。在检测结束后，使用GIS地理信息系统，标注出每一条河流的位置，并且标注出水质情况、测量时间、气候、位置等。

　　北京有大小河流100余条，分属于海河流域的五大水系，即永定河、北运河、潮白河、温榆北及蓟运河、大清河等水系。北京的水系总的流向是自西北向东南。

　　王京京告诉记者，近年来，随着经济发展，所带来水体污染日益严重，五大水系（永定河、蓟运河、北运河、大清河，潮白河）受到不同程度的污染。这其中最为明显的是其中官厅水库已不能作为饮用水源，而是仅用于工业用水、农业灌溉以及补充城市河湖用水。

　　"值得注意的是，密云水库的水也开始有富营养化的趋势。"王京京说。

　　据分析，除降雨减少、持续干旱和人口增加的原因外，点源污染加重是重要原因。绿家园志愿者的调查发现，随着工业逐步离开北京，生活污水成为北京市水体污染的主要来源，生活污水排量非常大，而且分布面广，有众多的小污水排放口。

调查发现，北运河为主要的排污河，以通惠河、西坝河、清河为主，这里的污水没有处理就直接排入河道中，使得河水的水质受到严重污染，此地区的河道大多为劣V类水质。

据北京日报5月31日报道，北京石景山区有75处污水口，工业废水直排河道。北京市水务局的一项数据显示，清河污水处理厂日处理能力45万吨，而2010年高峰期污水来水量为每日50万吨至70万吨，

"北京的人口提前10年达到了1800万，可污水处理规划还在按原来的城市规划进行，这导致污水处理能力相对不足。"北京市水务局排水处副处长熊建新说。

北京市水务局去年11月公布的资料显示，北京目前污水处理率为82%，中心城区为95%。计划到"十二五"期间，中心城区污水处理率达到98%。

北京后海水质富养氧化严重致水葫芦滋生　摄影／章轲

作为北京城市内近郊区的重要排污河道，北京东南地区的河流水质几乎都是劣V类，北京西北地区的水质结果相对较好，但依然有个别河流是劣V类水质。而不同的河流水质情况各异，这主要与河流水质的来源和功能有极大的关系。

调查发现，昆明湖、后海等景观用水的水质基本合格，但有时也出现劣V类情况；京密引水渠作为北京市的饮用水，水质情况良好。其丰水期、枯水期在氨氮，总磷等有机物之间的相关性比较明显，其中重金属Pb、Cr的含量有时偏高，由于重金属在饮用水处理的过程中几乎不变，进行简单的饮用水风险评估后，存在一定的风险。

据《2011年北京市环境状况公报》介绍，2011年，北京市"地表水环境质量略有改善"，但仍需"深化水污染治理和污水再生利用"。

该环境状况公报称，北京在改善水环境状况方面，应进一步加强密云、怀柔水库等饮用水源地水质监管，提高全市污水处理水平，建成永定河"四湖一线"工程和北运河引温入潮二期工程。北京市政府日前宣布，"十二五"期间，北京将建成18座污水厂和5座再生水厂。

不过，对于民间组织的调查结果，北京市环保局在6月表示，近几年，北京市水务部门力图通过两大措施缓解北京五大水系水污染状况，目前，五大水系上游饮用水源全部达标，下游排水河段污染治理已全面启动。

北京市环保局发布的《2011年北京市环境状况公报》数据显示，北京市地表水体检测断面高锰酸钾指数年均浓度值为8.55毫克每升，氨氮年均浓度值为6.87毫克每升。河流、湖泊、水库水质总体稳定；集中式地表水饮用水源地水质符合国家饮用水源水质标准。

但该公报承认，水资源短缺和城市下游河道污染严重的局面尚未得到根本性扭转。

北京市水务局介绍，2011年，北京市共监测地表水五大水系有水河流84条段，长2018.6公里，其中二类、三类水质河长占监测总长度的55.1%；四类、五类水质河段占监测总长度的1.3%；劣五类水质河长占监测总长度的43.6%。

北京唯一的地表水源地为密云水库。官厅水库受上游河北来水量锐减和污染物增加的双重影响，已不符合饮用水源地水质标准，于1997年退出北京市地表水饮用水源地。

北京市水务局介绍，多年来，在北京市与上游省去的共同努力下，水质逐渐好转，官厅水库的水质达到四类，到门头沟三家店拦河闸水质达到三类、有时达到二类，但由于水库来水量少，只作为京西工业和景观用水水源。密云水库总体水质稳定，稳定在二类状态，是北京市唯一的地表水饮用水源地。

北京市水务局介绍，近年来，为了缓解北京水资源缺乏，水污染严重等问题，北京市先后采取了两大措施缓解水污染。

一是大力建设污水处理厂，积极推进再生水利用。从2000年到2011年，北京市以筹办奥运和保障国庆60周年庆典活动为契机，强力推进污水处理和再生水利用工作。年污水处理量由3.7亿立方米增加到11.8亿立方米；再生水累计利用量已达41.7亿立方米，成为产业发展和生态用水的主力水源；污泥无害化处理处置从无到有，无害化能力逐年提高。2011年全市处理污水11.8亿立方米，污水处理率达到82%，其中城区污水处理率达到95.5%。2011年全市再生水利用量7.1亿立方米，再生水利用率达到60%。比上年新增0.3亿立方米，再生水利用量已占全市总用水量的19%，成为北京市稳定可靠的"第二水源"。

二是实施流域环境治理，分别实施北运河、永定河、潮白河、流域综合治理以及清洁小流域建设。其中，包括将投资160亿元从2009年开始用7年时间，以"控制源头，改善水质，提高水循环利用"为主线，将北运河建成"清洁的河"；投资169亿元计划3年至5年完成建设永定河绿色生态走廊项目；以贯彻落实科学发展观为主题，以提高水源保护区水源涵养能力和水资源利用效率为主线，以实现流域水源安全、供水安全、水环境安全、防洪

272

安全为主要目标，为首都经济社会可持续发展服务，为"三个北京"和世界城市建设提供支撑和保障的《潮白河流域水系综合治理规划》；以及构筑"生态修复、生态治理、生态保护"三道防线、建设生态清洁小流域作为水源保护新途径。

2012年下半年，有关北京专家夫妇20年不喝自来水的消息广泛传播，引起社会热议。卫生部新闻发言人、卫生部办公厅副主任邓海华回应说，"北京的水质符合国家最新标准的106项指标的检测要求。但也应该看到，当前包括今后一段时间饮用水安全形势仍十分严峻。"

邓海华说："我不知道北京这位'水专家'是怎么样的专业背景，我也不知道他向媒体声称这些内容的动机是什么？但是我很相信北京市有关方面的一位发言人的说法，北京的水质符合国家最新标准的106项指标的检测要求。"

北京自来水集团新闻发言人梁丽此前在做客人民网强国论坛时曾介绍，北京自来水集团在2007年7月就全部实现了国家106项饮用标准，可以说是在全国提前5年率先实现的。

梁丽介绍，北京已经建立了从源头到龙头全过程的对水质监控的体系，有对源水的生物监测，有源水水质实时在线传输的体系，在源头还有对源水的预处理工艺。进了水厂之后，在常规处理的基础上还有最先进的深度处理工艺。

"一部分人平时不一定喝自来水，这不值得大惊小怪"，"个人的选择对和错，那是他们自己个人的判断。"梁丽说。

邓海华表示，饮用水安全直接关系到群众的身体健康和生命安全，社会各界对此高度关注。卫生部牵头修订的《生活饮用水卫生标准》是和国际接轨的，有106项的指标，并从2012年7月1

北京后海水质富养氧化严重致水葫芦滋生　摄影/章轲

日起全面实施。

据了解，2012年卫生部对29825个饮用水监测点进行了监测，涵盖了所有的直辖市、省会城市以及91.5%的地级市和46.7%的县和县级市，目前已完成了6万多份水样检测。邓海华透露，目前，监测结果正在统计，将及时地向社会公布。

邓海华说，饮用水的安全质量涉及的面很广，这些年国务院的相关部门做了大量的工作，城乡特别是农村地区的饮用水的安全状况有明显的改善。但是也应该看到，当前包括今后一段时间我们的饮用水安全形势仍然是十分严峻的。

"从卫生方面来讲，我们的饮用水监测能力还不是很强，各方面的保障还不是很到位，监督监测的力度还需要进一步加大。"邓海华说。

梁丽也承认，尽管目前北京在用的地表水水源符合国家源水饮用水标准，但各处的水源水质成分却不一样，面临着水源多样化、水质复杂化的问题。

据记者了解，除了水质问题，北京的水量问题也十分突出。曾供职于北京市环保局的北京生态问题专家王建告诉本报记者，北京这座曾经有着五大水系（蓟运河水系、潮白河水系、北运河水系、永定河水系、大清河水系）和100余条大小河流、因水而建都的城市，如今已沦为世界级贫水城市。

《北京城市总体规划（2004—2020年）》提出，从水资源承载力等约束因素出发，结合人口自然增长率，2020年北京人口规模应控制在1800万人左右。但目前在北京生活的人口已突破2000万人。

在回答公众有关如何选择饮用水的问题时，中国科学院地理科学与资源研究所水循环与水文程研究室主任宋献方说："自来水烧成的开水又安全、又经济；矿泉水更有利于健康。"他同时表示，健康的喝水方法应该有多种多样。

零鱼翅行动：不要再让鲨鱼流泪

汤琦

（汤琦，《中国环境报》青年记者）

摘要： 鱼翅消费带给鲨鱼的杀戮已引发部分种群濒临灭绝，造成海洋生态平衡的破坏，而据相关组织的调查，整个大中华区则占到全球鱼翅贸易和消费的95%以上。近几年，许多民间环保组织在普及拒吃鱼翅的公众意识上，开展了一次又一次的行动，这种奢侈又残忍的食文化正在被改变。

2012年，是"保护鲨鱼拒吃鱼翅"引发社会共识的一年。北京阿拉善SEE生态协会/SEE基金会、达尔问自然求知社、中国企业家俱乐部、大自然保护协会以及野生救援等多家环保组织，在普及拒吃鱼翅的公众意识上，继续开展着各种行动。越来越多的食客拒绝消费、食用鱼翅；国内先后出现了多家"零鱼翅餐厅"、"零鱼翅饭店"；深圳正在被推动成为中国第一个"零鱼翅"城市；国务院表示将在三年内发文规定公务接待不得食用鱼翅。

尽管鱼翅销售进入了萧条期，但是，其背后存在的巨大利益链并没有消失。从鱼翅生产加工、流通、消费的多个环节入手，继续推动"拒食鱼翅，保护鲨鱼"的行动，仍有大量工作要做。

关键词：零鱼翅　拒食鱼翅　保护鲨鱼　公务宴请

鲨鱼的鳍被人类用锯割断，残余的躯体被重新抛回海中，一片猩红在海洋中蔓延开来。失去鱼鳍的鲨鱼坠入黑暗的海底，等待死亡的来临……

在备受关注的环保纪录片《海洋》中，有这么触目惊心的一幕。在震撼心灵之余，它也引起了社会对"鱼翅饮食文化"的集体反思。

鱼翅消费带给鲨鱼的杀戮已引发部分种群濒临灭绝，造成海洋生态平衡的破坏，而据相关组织的调查，整个大中华区则占到全球鱼翅贸易和消费的95%以上。

其实，早就有医生和营养专家表示，鱼翅的营养价值并不高，其含有的蛋白质并不易被人吸收，不如鸡蛋和猪蹄。但鱼翅在中国，从来就不只是一道菜这么简单。对于许多食客而言，鱼翅是高贵和体面身份的象征。许多饭店会把高品级鱼翅放在玻璃橱窗里，系上红丝带，打上射灯，以示实力雄厚。

近几年，许多民间环保组织在普及拒吃鱼翅的公众意识上，开展了一次又一次行动，这种奢侈又残忍的食文化正在被改变。

2012年，是"保护鲨鱼，拒吃鱼翅"引发社会共识的一年，是鲨鱼保护取得重大进展的一年。越来越多的食客拒绝消费、食用鱼翅；全国出现了多家"零鱼翅餐厅"、"零鱼翅饭店"；深圳正在被推动成为中国第一个"零鱼翅"城市；国务院表示将在三年内发文规定公务接待不得食用鱼翅；"假鱼翅"事件更是对"零鱼翅"行动起到了推波助澜的作用。

拒食鱼翅，我们在行动

"没有买卖，就没有杀害。"姚明代言的鲨鱼保护公益宣传短片令无数人动容，这句著名的广告词也已经家喻户晓。

这则公益广告是由世界野生救援组织打造。这家全球性的动物保护非营利组织，从2005年开始，推动鲨鱼保护的活动。2009年，野生救援携手中国企业家俱乐部、阿拉善SEE生态协会和中城联盟共同发起"保护鲨鱼，拒吃鱼翅"倡议，引发了中国商界人士的积极反响。

另外一家中国本土的民间组织——达尔问自然求知社，也成为倡导拒吃鱼翅的积极力量。从2011年12月开始，达尔问自然求知社开始推动"零鱼翅"行动。2012年11月至12月期间，对北京市132家绿色饭店进行调查，并对深圳、福州两个沿海城市的高级饭店展开专项调查。调查显示，在北京有12家酒店在调查志愿者以消费者的身份询问中回答无鱼翅提供，而当志愿者以环保组织的身份访问时，有68家回答没有鱼翅销售。

"零鱼翅"项目负责人王雪对记者说："我们很高兴看到一些大型国际性酒店集团已经行动起来，明年的情况应该会更好。"当被问及对于调查员以不同身份进行调查，调查结果所显示出的巨大差异，王雪回答，她从中看到了潜在的可能性，"这说明已经有超过一半的酒店对于销售鱼翅在环保上的危害有所觉悟，他们都将是我们进一步倡导的对象。我们已经郑重建议全国绿色饭店工作委员会及各地方管理办公室，将'禁售鱼翅'纳入绿色饭店评定条款，并规定所有绿色饭店都不得摆放干鱼翅。"

南京金陵饭店是第一批站出来响应不吃鱼翅的饭店。往年，它家的鱼翅年使用量约一万吨。金陵饭店行政主厨说，自2012年3月禁食鱼翅以来，顾客都表示很支持。俏江南集团总裁汪小菲因为看了《海洋》这部影片，而决定在全国72家直营店里已经完全停止销售鱼翅及鱼翅产品。"虽然在停售鱼翅初期，也曾经有过来自内部的压力和一些顾客的质疑。但因为在经营上作了相应调整，一年来整个集团的营业额并没有受到影响。"俏江南华南区负责人说。

据一些调查显示，商务宴请在鱼翅消费中的比例不可忽视。

中国企业家俱乐部就是积极宣传倡导"拒绝商务宴请鱼翅"的主力军之一。中国企业家俱乐部在2009年的中国绿公司年会上发出"保护鲨鱼，拒吃鱼翅"的公益倡议，得到了广泛响应。据统计，截止到2012年7月，包括柳传志、马云、王石、马蔚华、李东生、郭广昌、王健林、宁高宁、张醒生、丁立国在内的超过600位知名企业家先后加入承诺，使这个倡议成为中国商界影响力人士的一次集体公益联动。

在个人和企业的努力推动下，"零鱼翅"行动产生的良性氛围正在上升为整个城市的意识。2012年5月28日，由达尔问自然求知社牵头、近百个机构与个人联合倡导的《深圳，成为零鱼翅城市吧！》联名建言信被深圳市政府签收。深圳市蓝色海洋环境保护协会相关负责人天山表示，这封建言信，所要达到的效果在于，第一步是深圳市政府主办的宴席拒绝鱼翅、深圳市政府接待办套餐删除鱼翅、深圳市政府公务员参与其他主办方组织的宴席拒绝鱼翅，接下来推动深圳市绿色饭店将禁止销售鱼翅纳入饭店评价标准中，深圳市企业商宴拒绝鱼翅，最终在深圳形成拒绝鱼翅的社会风气。

禁止公务官方宴请鱼翅之风，给"零鱼翅"行动注入强心剂

2012年6月29日，大自然保护协会（TNC）北亚区总干事长张醒生的一条微博，让广大环保人士欢欣鼓舞。"国务院机关事务管理局已正式发函〔国管函（2012）21号〕给全国人大代表丁立国，对丁立国联合三十多位人大代表提出《要求制定禁止公务和官方宴请消费鱼翅规定的建议》表示感谢和支持，并明确说明将发文规定公务接待不得食用鱼翅。"

早在2011年，身为全国人大代表的企业家丁立国在十一届全

国人大四次会议上提出建议，希望政府通过立法禁止鱼翅贸易，保护海洋生态平衡。"中国如果能率先实现鱼翅贸易立法，具有重要意义，将向世界展示中国在环保上的决心和力度。"丁立国表示。

2012年的两会期间，中国企业家群体又提出了这份更具力度的"拒吃鱼翅"的提案。这一次，终于有了重大进展。

"中国企业家群体，这种坚持不懈的努力终于获得了政府的积极回应，这让我们备受鼓舞。而公务接待不吃鱼翅的法规也有望引发社会的联动效应，大大有利于抑制鱼翅的贸易和消费。"中国企业家俱乐部秘书长程虹表示。

商务部研究院消费经济研究部副主任赵萍表示，50%左右的鱼翅消费涉公，也就是公款吃喝或者是宴请公务人员。虽然国务院表示将在三年内发文规定公务接待不得食用鱼翅，获得了社会的肯定，但"禁止公款吃鱼翅何须再等三年？"成为了人们的普遍疑问。让人欣喜的是，一些地方已经"超前"地将鱼翅列为公务接待的禁品，如2012年6月，温州出台《落实公务接待"三严四禁"规定实施细则》，规定鱼翅、鲍鱼、辽参等高档菜肴为公务接待所禁用。全国鲨鱼制的集散中心蒲岐镇所在的浙江省乐清市也出台公务接待新规定：鱼翅、鲍鱼不上席。

政府层面上的保护鲨鱼行为，是民间长期共同推动的结果。反过来，中央政府的积极表态，又给民间推动拒食鱼翅注入了强心针。在中央"八项规定"出台后鱼翅消费情况出现了明显的变化，而"零鱼翅"行动，也在国内掀起了新一波的高潮。这一次，春节期间的宴请成为了"拒食鱼翅，保护鲨鱼"的主阵地。商务部新闻发言人沈丹阳2013年2月20日表示，据抽样调查，春节期间，从北京、天津、上海、宁波等地的餐饮企业经营情况来看，鱼翅的销售额都在下降。在北京地区，高档酒店的鱼翅销售下降了70%，一些鱼翅专营店如谭家菜的销售额下降了50%。

截断鱼翅利益链，还有很长的路要走

正当名人、企业家、环保组织纷纷大力呼吁拒食鱼翅之时，却有人跳出来反对。"拒食鱼翅是一种资源的极大浪费。"2012年8月，中国水产流通与加工协会抛出了这个"惊世骇俗"的观点。

中国水产流通与加工协会常务副会长兼秘书长崔和表示，中国的鱼翅饮食文化是被误伤了。我们的确是鱼翅食用大国，但并不是杀死濒危物种鲨鱼的凶手。在崔和看来，全世界90%的捕鲨者把鱼翅送入了中国。但美国等捕鲨大国是为了利用鲨鱼肉和鱼骨。他们不吃鱼翅，所以把这些本该丢弃的下脚料出口到了亚洲，尤其是中国。我们不是在消费濒危物种，而只是废物利用，是一种节俭的表现。

对于中国水产流通与加工协会的这种说法，一些环保人士针锋相对地提出了自己的看法。王亚民，山东大学威海分校海洋学院副教授，长期从事鲨鱼保护的研究，是多个环保组织的顾问。他反驳了崔和关于国外捕鲨是为利用鱼肉的观点。他说，吃鱼翅导致鲨鱼捕捞量增大，这是毫无疑问的。"割鳍弃肉"的情况的确存在，且并不少见。鲨鱼肉很难吃、硬且粗糙，还有强烈的尿素味道，加工起来很麻烦，价值不高。"很多国家的渔民都会将鲨鱼扔掉，只剩下鱼翅，然后出口到中国。"

还有环保人士说，即使中国不是世界上最大的鲨鱼捕杀国。但90%的鲨鱼捕猎者把鲨鱼鱼翅卖给了中国，"这就是我不杀伯仁，伯仁却因我而死。"

2011年，一组浙江省乐清市蒲岐镇加工鲨鱼的照片，曾在网上引起轩然大波：一个渔民左右手各拎着一只血淋淋的鲨鱼头；地上摊放着大量被砍下的血淋淋的鱼翅；工厂屠宰鲨鱼的过程详解……网络上，立即出现了"残忍"、"血色经济"、"大量捕鲨"等反对的声浪。

蒲岐镇有"中国鲨鱼加工基地"之称。每年被捕获后进入我国的鲨鱼90%会被送到这座仅11平方公里的小镇上，2010年全镇水产业年产值4亿元，其中，鲨鱼加工占去1个亿，鱼翅是最值钱的，占利润的70%以上。如今，这门血腥的生意，仍支撑着整个渔村的经济。

真鱼翅行业曾经的火爆，带动了假鱼翅行业的兴起。一些高档酒店里的招牌菜鱼翅羹经检测，根本不含鱼翅成分。据业内人士透露，合成鱼翅也称仿翅，一般是用食用明胶、海藻酸钠还有一点氯化钙组成。这些假鱼翅在餐饮业已经是半公开的秘密。2013年年初，中央电视台曝光了人造鱼翅，这让本已受到冲击的鱼翅销售一下子降到了冰点。

在北京南城比较出名的京申海鲜市场，原本很多出售鱼翅和所谓的合成鱼翅的店铺现在基本上都不卖鱼翅了，有的改卖海参等其他的高档海参干货，有的店铺甚至直接关门停业。仅余下的几家还在出售鱼翅的店铺，也基本卖不动。一家鲍翅行店主说，他从事鱼翅贸易多年，但最近却遭遇了尴尬，"以前最'上得了台面'的鱼翅，现在却'说不得'了"。但还是有一些店主表示，等一两个月以后假鱼翅的风头过去，北京鱼翅销售市场能够恢复元气。

"拒绝鱼翅消费为什么这么难推动，与其背后存在的巨大利益链有着直接而密切的关系。全球范围内的高捕捞量，是由于前些年鱼翅巨大的消费市场所拉动，这个利益链的形成十分迅速。这几年，由于消费量的降低，捕鲨业遭遇了寒流，但是这个利益链在短时间内很难消失。但这并不意味着，拒绝消费鱼翅就没有意义，这是我们需要迈出的最重要的第一步。从鱼翅生产、消费的多个环节入手，继续推动'拒食鱼翅，保护鲨鱼'的行动，仍有大量工作要做。"王雪对记者说。

记者手记

在本文截稿之时，又有几例制售假鱼翅的案件爆出，大量用明胶、甲醛和冰雪融化剂等制成的有毒假鱼翅流入市场。记者在采访调查中也发现，仍有许多高档食肆出售鱼翅，更有甚者打着拒绝销售的旗号，但客人提出需求后，却又主动卖起鱼翅来。

不管是真鱼翅的盛行还是假冒鱼翅的泛滥，相关监管部门、不良商人和相关饭店固然负有主要责任，但仔细分析，关键还是其后那个庞大的消费群体，以及奢侈而残忍的鱼翅文化。对于许多人而言，吃鱼翅的意义，已经不是为了满足口腹之欲，更多的是追求"奢华"之感，鱼翅有无营养，是否会损害身体健康，都会被选择性忽略。正是这样的盲目痴迷，导致吃鱼翅成为风尚，而满足符号消费的假鱼翅应运而生。

因此，一些环保人士在采访中对记者说，在宣传"拒食鱼翅，保护鲨鱼"的行动中，应当重视从文化和观念的角度向人们宣传保护责任。中国——欧盟生物多样性项目首席技术专家斯白克坦言："我认为，问题的关键不是谁在吃，而是要形成一种以吃野生动物为耻的观念，而不是让吃过的人炫耀，让没吃过的人羡慕。"

我相信，禁吃鱼翅并非想象中那么困难，当环保的理念越来越深入人心，当环保行动变得行之有效，当餐饮文化变得更具人文光环，到那时，会有更多的人主动拒食鱼翅和其他野生保护动物，更多的人会懂得判断美味背后隐藏的究竟是美好还是丑恶。

名词解释

鱼翅的营养价值

中国农业大学食品科学与营养工程学院副教授朱毅认为，天然鱼翅的食用风险很大。因为鲨鱼处于食物链的高端，它会食用一些小鱼，由此积累很多毒素，这些毒素大量汇聚在鱼翅里面。泰国曾经做过专门的检测，鲨鱼的汞含量居首，铬含量也远超其他食品。这些重金属一旦被人体摄入的话很难被分解代谢，长期摄入则会对人体健康造成不良影响。美国迈阿密大学科学家研究发现，鲨鱼含有高浓度的β-甲氨基-L-丙氨酸（BMAA），这是一种与脑退化症和葛雷克氏症有关的神经毒素，会造成与老年痴呆类似的症状。

此外，有关权威专家认为，鱼翅的营养价值其实与鱼冻、肉冻没有太大差别。根据现代营养学分析，鱼翅的营养成分主要是胶原蛋白，每100克干鱼翅中所含蛋白质为83.5克，从数值上看要比很多含蛋白质较高的食物如鸡蛋（12.7克）、瘦肉（21.7克）、花生（25克）、黄豆（35克）高出许多，然而鱼翅所含的胶原蛋白属于不完全蛋白质，人体很难吸收，必须与禽畜肉、虾、蟹这些含有较多色氨酸的食材搭配，其高蛋白营养价值才能体现出来。

如果想补充蛋白质类，有很多更好的选择，如豆制品、鸡蛋、瘦肉等，鱼翅并不具备特殊的营养价值。鱼翅属于高蛋白低脂肪的食物，对于一些严重的肾脏病人，不适宜吃，会加重肾脏负担。

市场上出售的假鱼翅多用粉丝或者明胶冒充。检测专家分析指出，假鱼翅在制作过程中，如果使用的是食用明胶还无大碍，若是工业明胶就会对人体产生危害。因为工业明胶中含金属铬，长期食用会导致骨质疏松，严重的会患上癌症。

乌梁素海之殇与增长的极限

立早

每一次经济、社会的快速增长，都可能引发生态环境的巨大破坏。

最终，发展与环境之间的平衡被打破，人们不得不付出更大的代价，降低发展速度，弥补生态损失。

论增长速度，近年来内蒙古自治区许多城市都远超全国平均水平，但由于没有处理好发展与环境之间的关系，个别城市不仅突破了增长的极限，也已经尝到了恶果。

乌梁素海成了"尿盆子"

2012年5月29日上午，一场暴雨过后，草原上小草吐翠，空气清新。远处起伏的山峦和草地上，不时有牛羊在散步、吃草。

从巴彦淖尔市往东，车行一个多小时就到了乌梁素海景区。

刚进入景区大门，记者便闻到了空气中散发着的腐臭的味道。走到堤岸边，记者发现，水面上漂浮着塑料瓶等各种各样的垃圾和数不清的死鱼，不少地方泛着白沫。

在不到1米深的水下，龙须眼子菜等多年生沉水植物生长茂

乌梁素海水面大量黄苔滋生，意味着水体已受到严重污染。摄影／章轲

盛。水面上到处是一块块的黄藻。芦苇在这里疯长，甚至连景区栈桥木板的缝隙间也钻出一丛丛芦苇枝叶。堤岸上到处是毒性很大的蚊蝇，叮一下，红肿的包几天都消退不了。

在乌梁素海湿地水禽自然保护区的圪苏尔核心区，黄藻的面积更大，几乎布满了公路两侧的水面。黄藻是一种生长在湿地的藻类植物，在温度适宜、水体富营养化加剧时迅速生长蔓延，覆盖水面，对水生植物、鸟类和鱼类等能造成致命危害。

2008年5月，乌梁素海曾出现面积达8万多亩、持续近5个月的黄藻，使核心区域水面被覆盖，水体严重污染，此事引起国务院领导的高度关注。

眼下，除了黄藻外，乌梁素海的大部分水面已经被芦苇覆盖。整个湖区的水质黑而腥臭。据巴彦淖尔市河套水务集团提供的资料介绍，这里的水质常年都是"劣五类"，不仅不能饮用、浇地，甚至不能接触皮肤。

而这里竟然是被誉为"塞外明珠"的黄河流域最大的淡水湖。

长期在当地做环保的滑闻学说："20多年前，乌梁素海根本不是现在这个样子。"

他告诉记者，20多年前，乌梁素海的湖水来源主要是河套灌区各大干渠的灌溉余水（即黄河水）和山洪补给水，不仅水质好，鱼类资源也极其丰富，有鲤鱼、鲫鱼、鲢鱼、草鱼等20余种鱼类，是内蒙古自治区第二大渔场，每年鱼产量达500多万公斤，其中黄河鲤鱼就占到了一半。

那时的渔民，从湖里舀一盆水就能煮鱼了。但如今，用河套灌区管理总局红圪卜扬水站副站长王文义的话说，乌梁素海就是河套灌区和上游5个旗县市的公共厕所，说的再难听点就是"尿盆子"。

乌梁素海是河套灌区水利工程的重要组成部分，它接纳了河套地区90%以上的农田排水。而实际上，如果仅仅是农业排水，对乌梁素海造成的污染不会很大。

问题就在于，近20年来，包括巴彦淖尔市在内的上游县市，都将自己的生活污水，特别是工业废水排到了乌梁素海中。

据巴彦淖尔市政府委托中国环境科学院等单位编制的《乌梁素海综合治理规划》介绍，"近年来巴彦淖尔市工业化、城镇化进程的加速带来的工业废水、城镇生活污水以及农业退水的大量排放，导致区域生态环境恶化，富营养化和沼泽化趋势严重。"

以2008年的数字为例，当年该区域工业废水排放2331.2万吨，城镇生活污水排放2256.4万吨，农田排水26700万吨，养殖废水排放2670.1万吨。区域内COD（化学需氧量）排放量最高的污染源是工业废水，占总排放量的34.5%。氨氮排放量最高的污染源是城镇生活污水，占总排放量的57.4%，其次是工业废水和畜禽养殖废水。

区域污染物排放量已远远超过了乌梁素海的水环境承载力。据当地环保部门测算，2008年污染负荷入湖量分别是总氮2292.65吨、总磷247.36吨，而乌梁素海水环境承载力只有总氮722.3吨，总磷40.9吨。

巴彦淖尔市河套水务集团公布的另一组数据更为直观：每年

进入乌梁素海的水大概是3.5亿立方米到4亿立方米，其中生活污水和工业废水就有2亿立方米，而乌梁素海的总库容只有3.2亿立方米。

根据巴彦淖尔市环境监测站2005年至2010年的监测资料，乌梁素海目前环境污染和生态功能退化形势严峻，氨氮超标率为30.3%；底泥污染严重，总氮、总磷和重金属超标，西大滩与东大滩底泥污染最重；鱼类种类和数量大幅度减少，淡水渔业基地功能逐渐丧失。

发展与环保的巨大反差

实际上，乌梁素海已经变成了内蒙古西部地区最大的污染物存储池。更令人担忧的是，这里的污水还在不停地通过入河河道排入黄河。

据记者了解，2004年6月25日，内蒙古河套灌区总排干沟管理局因水位超过警戒线要退水，将积存于乌梁素海下游总排干沟内约100万立方米的造纸等污水集中下泄排入黄河，造成"6·26"黄河水污染事件。

6月28日10时，处在下游的包头市供水总公司关闭了黄河水源总厂的取水口，直至2004年7月3日19时45分，包头市黄河水源总厂才恢复取水，造成直接经济损失280多万元。

内蒙古自治区环保部门在事后查明，此次水污染事件对黄河400多公里

乌梁素海水污染造成大量鱼类死亡　摄影／章轲

河段造成了14天的严重污染，水体完全丧失使用功能。5天的断水，让包头市蒙受经济损失约1.3亿元，给200多万包头市民生活、工作造成的影响则无法估算。

这也是建国以来黄河遭遇的最大一次污染事故，污染源附近的黄河水域80%野生鱼类死亡。

而眼下，乌梁素海的污染状况如果得不到改变，"6·26"黄河水污染事件有可能再次爆发。

"如果乌梁素海失去生物吸收、过滤功能，整个河套地区的排水及废水将直接进入黄河，对小北干流、三门峡库区、小浪底库区乃至整个黄河下游的水资源安全将造成威胁。"巴彦淖尔市委书记何永林说。

那么，为什么向乌梁素海排污的这些城市和工厂不设立污水处理设施，让污水达标排放呢？记者在实地采访时发现，尽管当地各级政府有这样的想法和迫切愿望，但眼下并不具备这样的条件。

"乌梁素海在当地社会经济迅猛发展的同时，入湖污染负荷没有得到有效控制。"中科院院士、全国政协常委王光谦说。

据《关于乌梁素海综合治理规划的咨询评估报告》介绍，造成乌梁素海水环境污染、富营养化和沼泽化的原因是多方面的。除了农业排水含化肥量大之外，工业污染是重要原因。

该报告称，一方面，巴彦淖尔市"产业总体技术水平低、粗放型用水模式以及区域经济社会发展模式，造成资源消耗量大、排污水平高。"

另一方面，在工业规模快速膨胀的同时，污染治理投入不足。编制上述评估报告的中国国际工程咨询公司指出，巴彦淖尔市"污染控制和生态环境治理水平尚在发展过程中，环保设施不完善，污染治理体制机制不健全；环境保护技术设备成套化与产业化程度较低，综合治理策略缺乏系统性、科学性和长期延续性。"

记者了解到，即便是已经建成的污水处理厂，运行情况也不理想。30日上午，记者在巴彦淖尔市污水处理厂排污口看到，大量泛黄的废水正在往几十米外的渠道中排放，渠道里的水又黑又臭。

正在100多米远的农田里种植西红柿的晨光村村民周飞告诉记者，自打2002年污水处理厂投产后，周边的空气就臭得不行。到了前年，地下水也因为有臭味不能喝了。

巴彦淖尔市政府2011年1月25日出台的《关于促进全市污水处理厂稳定运行的实施意见》也承认，"各地污水处理厂存在着设备利用率低"等亟待解决的问题，已经严重影响到污水处理设施的稳定运行和效益发挥。

而这些"不足"，与巴彦淖尔市近年来经济发展特别是工业的高速增长形成了巨大反差。

记者从巴彦淖尔市统计局了解到，仅"十一五"期间，该市规模以上工业企业就由2005年的176户发展到266户，中型企业由18户发展到41户，大型企业发展为2户。

在内蒙古自治区12个盟市区排位中，巴彦淖尔市2004年排在第9位，2008年上升到第7位；从工业投资占全社会投资总量的比重看，2004年为第10位，到2008年上升到第6位。

但由于上马的多是高能耗、高污染企业，巴彦淖尔市的生态环境也在迅速变坏。该市统计局能源科公布的一份资料称，近年来，巴彦淖尔市高耗能行业投资快速增长，节能降耗压力增大。2011年该市有色金属冶炼及压延加工业、煤炭开采和洗选业、化学原料及化学制品制造业完成投资同比分别增长90.4%、84.7%和76.6%，这些项目投产后，将对节能降耗形成巨大压力。

发展规划忽视环境承载力

在巴彦淖尔采访期间，记者曾根据当地人提供的线索，寻找主要的污染源。据知情人透露，联邦制药（内蒙古）有限公司（下称"联邦制药"）对当地水环境、土壤环境和空气质量都造成了严重影响，是当地最大的工业污染源之一。

30日上午，记者赶到联邦制药厂区附近的八一乡丰收村，在距离厂区不到100米的地方就能闻到浓烈的酸臭味。今年65岁的村民王贵义曾经当过村会计，他告诉记者，原来这里的生态环境非常好，但后来，"过来了许多重型污染厂，把这里的环境都搞坏了"。

王贵义的家就在联邦制药的厂房外面，仅隔一条小路。他说："任何时候都可能有臭味过来，让人喘不上气。家里的门窗都不敢开。"王贵义还向记者透露了这样的信息，由于周边大企业大量抽取地下水，造成水位下降，居民不仅喝不上水，就是抽上来了，水也有味不能喝。

30日下午，记者在八一乡农丰村公路边看到，大量黑色的渣子被倾倒在农田中，方圆足足有数平方公里，散发着刺鼻的气味。知情人士告诉记者，这是联邦制药倒在这里的废渣。

"一刮西风，村里就臭得不行。臭味都是从德源肥业和联邦制药传出来的。"正在田里种葵花的60岁村民张排恩告诉记者，许多村民都反映庄稼产量受到影响，眼睛也容易变得模糊，看不清东西。据他说，这两家企业从来没有给过村民一分钱补偿。

记者从巴彦淖尔市临河区《关于下达2009年污染源限期治理任务的决定》（临政发[2009]6号）文件中看到，"决定对临河地区重点企业水污染等突出环境问题进行限期治理，实现污染物达标排放"，要求"联邦制药、巴山淀粉厂两家企业在保障污水设施正常运转的情况下，要吸取全国同行业先进经验，认真开展工业废气污染治理，有效解决恶臭气体污染扰民问题"。

据巴彦淖尔市环保局介绍，联邦制药2007年投运以来，由于相关环保设施配套不完善，导致生产工艺废气及污水处理站排放的恶臭气味影响了城区及周边的大气环境，群众反映比较强烈。为此，临河区政府和市、区两级环保部门曾先后三次下达了限期治理决定。

但这些"决定"显然没有收到多少成效。

巴彦淖尔承认存在问题

记者从内蒙古自治区林业厅获悉，《内蒙古乌梁素海富营养化治理建设项目可行性研究报告》2011年底已获得国家发改委批复。按照这一规划，乌梁素海富营养化治理建设项目建设期限3年，总投资2974.7万元，其中国家财政拨款2379.7万元，地方财政配套资金595万元。

而根据《乌梁素海综合治理规划》，到2020年，乌梁素海治理总投资将达到86.2亿元，其中近期（2010年至2015年）投资47.8亿元，远期（2016年至2020年）投资38.4亿元。最终目标是使入湖污染负荷在现有基础上减少70%，水质达到四类标准，水生态系统全面改善。

6月7日，巴彦淖尔市政府向媒体发出《关于乌梁素海和联邦制药有关情况的说明》（下称《情况说明》）。据《情况说明》称：在见到报道后，"我市高度重视，立即召开紧急会议，责成分管领导组织水务和环保部门立即对媒体反映问题进行调查，认真了解乌梁素海和联邦制药公司的项目建设情况、历年整改情况、存在问题、环保监管情况并针对存在问题制定下一步整改措施等。"

《情况说明》称，近30年来随着灌区节水灌溉的深入推进、工业生产的发展和城镇人口的增加，乌梁素海接纳污水的比例相对增加，再加上湖泊本身的蒸发、蒸腾和有机体的腐烂，湖水浓缩，使湖泊的水质发生了很大的变化。目前，乌梁素海水质基本处于劣五类，已成为草型富营养化，聚盐现象严重，黄苔问题突出。

"2009年以来，湖区再没有爆发大面积的'黄苔'。尤其今年，湖区没有任何'黄苔'迹象。"但《情况说明》同时表示，"虽然上述措施均已落实，也收到了一定效果，但由于内源污染和农业面源污染严重，成效不是特别显著。"

在谈到联邦制药的污染问题时，《情况说明》称，联邦制药于2007年入驻巴彦淖尔市经济开发区，"投运以来，由于相关环保设施配套不完善，导致生产工艺废气及污水处理站排放的恶臭气味影响了城区及周边的大气环境，群众反映比较强烈"，"2010年下半年，由于废气处理系统没有备用设施，设备故障频发，导致除臭效果下降，城区及周边居民上访有所增加"。